DESCRIPTION

D'ESPÈCES NOUVELLES

DE COQUILLES

RECUEILLIES PAR M. PAVIE AU CAMBODGE

ET PUBLIÉES A DIFFÉRENTES DATES DANS LE « JOURNAL DE CONCHYLIOLOGIE »

PAR

Le Commandant **L. MORLET**

PARIS

PAPETERIE NOBLE

3, RUE LINNÉ, 3

1889

DESCRIPTION

D'ESPÈCES NOUVELLES

DE COQUILLES

RECUEILLIES PAR M. PAVIE AU CAMBODGE

ET PUBLIÉES A DIFFÉRENTES DATES DANS LE « JOURNAL DE CONCHYLIOLOGIE »

PAR

Le Commandant L. MORLET

PARIS

PAPETERIE NOBLE

3, RUE LINNÉ, 3

—

1889

DESCRIPTION

D'ESPÈCES NOUVELLES DE COQUILLES

RECUEILLIES PAR M. PAVIE AU CAMBODGE

PAR

Le Commandant L. MORLET

1. STREPTAXIS LEMYREI, L. Morlet (Pl. IV, fig. 1).

Testa profunde et sat late umbilicata, turbinato-depressa, striis sat validis, regularibus, subflexuosis longitudinaliter impressa, parum crassa sed solidula, subtranslucida, haud nitens, sordide albida, unicolor; spira turbinato-depressa, apice obtusulo, saturatiore; sutura impressa; anfr. 5 sensim accrescentes, embryonales primi 1 1/2 sublævigati, ultimus spiram superans, basi subplanatus; apertura obliqua, subquadrato-rotundata, intus concolor, lamellis 2 coarctata, altera in ima fauce profunde sita, extus vix conspicua, altera parietali, linguæformi, parum intrante; peristoma simplex, reflexum, sordide albidum, parum nitens, marginibus callo crassiusculo, concolore junctis, columellari dilatato, umbilici partem obtegente, basali subrotundato, externo subflexuoso, juxta insertionem attenuato. — Diam. maj. 11, min. 9, alt. 7 mill. Apertura (cum peristomate) 6 mill. longa, 5 lata (Coll. L. Morlet).

Coquille profondément et assez largement ombiliquée, de forme faiblement turbinée, déprimée, munie de stries longitudinales assez fortes, régulières, serrées et légèrement flexueuses. Test peu épais, mais assez solide, sub-translucide, terne et d'un blanc grisâtre uniforme. Spire assez déprimée, terminée par un sommet légèrement obtus et plus foncé que le reste de la coquille. Suture marquée. Tours de spire au nombre de 5, et s'accroissant peu à peu ; tours embryonnaires au nombre de 1 1/2 et à peu près lisses ; dernier tour plus grand que la spire et assez aplati, du côté de la base. Ouverture oblique, de forme quadrangulaire un peu arrondie, de même coloration, à l'intérieur, que le reste de la coquille et resserrée par deux lamelles, dont l'une est située très profondément à l'intérieur et à peine visible, du dehors, tandis que l'autre est pariétale, linguiforme, et peu pénétrante. Péristome simple, réfléchi, peu luisant et d'un blanc grisâtre sale : bords réunis par un dépôt calleux assez épais et également d'un blanc sale ; bord columellaire développé et recouvrant une portion de l'ombilic, bord basal à peu près arrondi, bord externe subflexueux et atténué, dans le voisinage du point d'insertion. — Plus grand diamètre de la coquille 11 millimètres, plus petit 9, hauteur totale 7. Longueur de l'ouverture (y compris le péristome) 6 millimètres, largeur 5.

Hab. Dans les forêts, entre Kampot et Pnompenh, particulièrement près des rapides de Kamchay (rivière de Kampot), sur les bois pourris, ou les petites plantes. (M. Pavie).

2. Streptaxis pellucens, Pfeiffer, var. β (Pl. IV, fig. 2 et 2*a*).

Parmi les échantillons que nous avons reçus de M. Pavie, se trouve une variété du Streptaxis pellucens, Pfeiffer. Elle est plus grande, plus oblique et plus mince que le type : nous avons cru devoir la faire figurer, en la distinguant sous la dénomination de variété β. Sa longueur est de 14 millimètres et son plus grand diamètre de 10.

Hab. Cette variété se trouve dans la montagne de la chaîne de l'Éléphant et dans plusieurs autres parties du Cambodge, particulièrement dans la montagne de Day-Crahom (terre rouge), sur la rive droite du grand fleuve. On la trouve sur le sol, parmi les feuilles mortes (M. Pavie).

5. Helix Norodomiana, L. Morlet (Pl. IV, fig. 3).

Testa umbilicata, depressa, tenuis, lutescens, unicolor, minute et regulariter striata, subdiaphana, apice parum prominulo ; anfractus 5 1/2-6 convexiusculi, ultimus angulatus, descendens, sutura profunde impressa, subcanaliculata ; umbilicus latus, carinatus ; apertura obliqua, basi rotundata ; margine columellari brevi, superne dilacato ; marginibus callo tenui junctis ; peristomate albo nitido, reflexo. — Diam. maj. 10 millim., min. 7, alt. 9 (Coll. L. Morlet).

Coquille ombiliquée, déprimée, mince, jaunâtre, couverte de stries fines et régulières, subdiaphane. Spire légèrement saillante, composée de 5 tours 1/2 à 6 tours légèrement convexes, le dernier anguleux, descendant fortement et brusquement en avant. Tours séparés par une suture fortement prononcée et légèrement canaliculée. Ombilic large, profond et entouré d'une forte carène. Ouverture oblique, arrondie dans la partie inférieure. Bord columellaire court et dilaté à la partie supérieure ; bords réunis par un mince dépôt calleux ; péristome large, blanc, luisant et réfléchi.

Hab: Kamchay (M. Pavie).

Obs. Cette espèce a de très grands rapports avec l'H breviseta, Pfeiffer, mais on l'en distinguera toujours par l'absence des soies qui recouvrent cette dernière, par sa taille plus petite, plus déprimée et par sa carène plus prononcée.

Nous avons l'honneur de prier S. M. Norodom Ier, roi de Cambodge, de vouloir bien accepter la dédicace de cette espèce, comme témoignage de reconnaissance, pour la protection qu'elle a bien voulu accorder à notre ami M. Pavie, pendant ses excursions scientifiques à travers le Cambodge.

4. PUPINA PAVIEI (Pl. IV, fig. 4).

Testa imperforata, ovoideo-globosa, brevis, tenuis, translucida, albido-cornea ; anfractus 6 valde convexi, sutura anguste marginata discreti, apice obtuso; anfractus ultimus partem dimidiam testæ attingens; apertura rotunda, margine columellari calloso, rectangule truncato, canaliculato, exterro juxta insertionem longitudinaliter dissecto subcanaliculato, callo linguæformi munito. Labrum regulariter arcuatum, extus reflexiusculum. — Operculum rotundatum, anfractus 4 exhibens. — Long. 6 mill., diam. maj. 4 (Coll. L Morlet).

Coquille imperforée, globuleuse, courte, mince, transparente, d'une coloration cornée claire; 6 tours de spire très convexes, séparés par une suture linéaire; sommet très obtus; dernier tour formant à lui seul la moitié de la longueur totale de la coquille. Ouverture arrondie; bord columellaire calleux, tronqué, à angle droit, par une fissure, qui forme un petit canal; bord externe présentant, près du point d'insertion, une fissure longitudinale, près de laquelle se trouve un dépôt calleux également longitudinal : bord externe régulièrement arqué et légèrement réfléchi. — Opercule arrondi, montrant 4 tours distincts. — Longueur totale de la coquille 6 millimètres, plus grand diamètre 4.

Hab. La chaîne de l'Éléphant et les forêts non inondées qui la bordent, particulièrement, près des rapides de Kamchay et aux environs de Kampot. Vit sous les pierres et sous les feuilles mortes (M. Pavie).

Obs. C'est avec le plus grand plaisir que nous dédions cette espèce, comme témoignage d'affection, à notre ami, M. Pavie, chercheur émérite, qui emploie tous ses loisirs à enrichir la science par ses nouvelles découvertes.

5. Pupina Crosseana (Pl. IV, fig. 5).

Testa imperforata, ovoidea, oblonga, pupiformis, lævigata, nitens, tenuiuscula, translucida, albida, apice conoidea; anfractus 6 convexi, sutura impressa discreti; anfractus ultimus 5/8 longitudinis attingens, ascendens, basi subattenuatus; apertura rotundata, lamella parietali coarctata, intus concolor; peristoma reflexum, albidum; margine columellari rectangule inciso; externo subflexuoso, juxta insertionem sinuato. — Long. 8 mill., diam. 4 (Coll. L. Morlet).

Coquille imperforée, ovale, oblongue, pupiforme, lisse, luisante, mince, transparente et d'une coloration blanchâtre, sommet conoïde; suture simple. Tours de spire au nombre de 6 et convexes, le dernier formant à lui seul les 5/8 de la longueur totale, assez aplati, du côté de l'ouverture, et légèrement atténué à la base. Ouverture arrondie, rétrécie dans la partie supérieure par une lamelle pariétale, blanche et assez forte. Péristome réfléchi et blanchâtre : bord columellaire arqué, court, coupé à angle droit, vers sa partie médiane ; bord externe subflexueux, et présentant un sinus, près du point d'insertion. — Longueur totale de la coquille 8 millimètres, plus grand diamètre 4.

Hab. Cambodge (M. Pavie).

Obs. Espèce remarquable pas son ouverture prolongée et canaliculée en arrière, son labre obliquement ascendant et arqué.

6. Unio Fischerianus, L. Morlet (Pl. IV, fig. 6).

Testa crassiuscula, ovoidea, inflata, tenuiter et concentrice striata, epidermide virescente indulta ; margine antico brevi, rotundato ; postico oblique truncato, subrostrato, carina oblique decurrente munito ; ventrali arcuato ; umbonibus obtusis. Pagina interna valvarum albo-cœrulescens, cicatricula musculari antica irregulari, impressa ; linea cardinalis regulariter arcuata ; dentes cardinales obsoleti, subnulli ; dentes laterales antici striatuli, postici lamelliformes. — Diam. antero-post. 58 mill., umbono-marg. 33, crass. 27 (Coll. L. Morlet).

Coquille assez solide, ovoïde, renflée. striée finement et concentriquement, recouverte d'une épiderme verdâtre ; bord antérieur court et arrondi, bord postérieur obliquement tronqué, anguleux, légèrement rostré, muni d'une carène allant du sommet des crochets à l'extrémité du bord ventral. Crochets obtus. La nacre de l'intérieur des valves est d'un blanc bleuâtre, les impressions musculaires sont irrégulières et relativement profondes ; la ligne cardinale régulièrement arquée. Dents cardinales obsolètes, à peine indiquées ; dents latérales antérieures sillonnées, dents latérales postérieures lamelleuses. — Diamètre antéro-postérieur 38 millimètres, diamètre umbono-marginal 33, épaisseur 27.

Hab. Cambodge (M. Pavie).

Obs. Espèce très remarquable par ses dents cardinales tellement réduites qu'au premier abord on pourrait supposer qu'elles manquent totalement.

L. M.

(Extrait du numéro d'avril 1883 du *Journal de Conchyliologie.*)

DESCRIPTION

D'ESPÈCES NOUVELLES DE COQUILLES

RECUEILLIES PAR M. PAVIE AU CAMBODGE

PAR

Le Commandant L. MORLET

1. HELIX PAVIEI, L. Morlet (Pl. XI, fig. 1, 1ᵃ).

*Testa late umbilicata, complanata, carinata, tenuis,
cornea, radiatim et tenuiter striata, ad pa tem inferio-
rem anfractuum lineis spiralibus impressis cingulata, ad
carinam subdecussata; spira depresse-conica; anfractus 7
convexiusculi, suturā simplice discreti; ultimus acute carinatus, infra convexus; umbilico lato, perspectivo; apertura obliqua, angulata; margine basali arcuato; margine
columellari brevi; peristomate acuto. — Diam. maj.
14 mill., min. 12,5; alt. 6 (Coll. L. Morlet.)*

Coquille largement ombiliquée, aplatie, carénée, mince,
de couleur cornée, couverte de stries longitudinales
fines et irrégulières et de quelques stries transverses, à la
base de chaque tour, ce qui donne à la coquille un
aspect quadrillé. Spire de forme conique déprimée com-

posée de 7 tours légèrement convexes, augmentant graduellement, séparés par une suture simple, le dernier
caréné, descendant, convexe en dessous. Ombilic large,
fortement évasé et laissant voir les premiers tours. Ouverture oblique, anguleuse ; bord basal arrondi ; bord
columellaire court ; péristome simple et tranchant. — Plus
grand diamètre de la coquille 14 mill., plus petit 12,5,
hauteur 6.

Hab. Dans les forêts, entre Kampot et Phnom-Penh,
particulièrement près des rapides de Kamchay (rivière
de Kampot), sur les bois pourris et les petites plantes
(Pavie).

2. Bulimus (Amphidromus) semitessellatus, L. Morlet (Pl. XI, fig. 2, 2ᵃ).

*Testa sinistrorsa, vix subrimata, fusiformis, crassius-
cula, nitens, striis transversis et radiantibus tenerrimis,
sub lente vix conspicuis ornata; spira albida, zonis 2 castaneis, irregulariter interruptis, ornata; anfractus ultimus, aureo-luteus, zona spirali violaceo-nigrescente, sutu-
rali, et interdum zonula basali circa columellam notatus;
apertura basi angulosa, intus alba; peristoma album, reflexum, marginibus callo tenui junctis, columellari pli-
cato. — Long. 35, diam. maj. 16 mill. Apert. cum perist.
16,5, longa, 7 lata. (Coll. L. Morlet.)*

Coquille sénestre, pourvue d'une fente ombilicale presque entièrement recouverte, fusiforme, épaisse, luisante,
ornée de stries transverses et longitudinales fines et régulières, ce qui rend la coquille très finement granuleuse
dans les endroits bien conservés, d'une couleur blanchâtre
sur les premiers tours et jaunâtre sur le dernier, ornée de
deux zones brunes, irrégulièrement interrompues sur les

six premiers tours, le dernier jaunâtre ; quelques-uns ont le bord columellaire garni d'une bande brune. Spire élevée, composée de sept tours plano-convexes, séparés par une suture légèrement canaliculée, la partie supérieure de chaque tour ornée d'une bande brune, le sommet brun. Ouverture anguleuse à la base, d'un blanc de lait à l'intérieur. Péristome blanc, arrondi, épais et réfléchi fortement en dehors ; bords réunis par un dépôt calleux très mince, bord columellaire muni d'un pli tordu et très développé. — Longueur totale de la coquille 35 millimètres, plus grand diamètre 16 ; longueur de l'ouverture, y compris le péristome, 16,5 ; plus grande longueur 7.

Hab. Les montagnes qui bordent le grand fleuve au delà de Stung-Treng. Les forêts et les montagnes de Kampot à Compong-Som (Pavie).

Obs. Cette espèce se distingue du Bulimus cruentatus, Morelet, par sa taille plus forte, sa forme un peu plus étroite, ses ornementations, son ouverture plus allongée et son bord columellaire plus droit.

3. CYCLOPHORUS CAMBODGENSIS, L. Morlet (Pl. XI, fig. 3, 3ª).

Testa profunde umbilicata, depressa, solida, ad peripheriam subangulata, radiatium et spiriliter tenerrime striata, nitens, fasciis castaneis 2 ornata, epidermide lutescente induta ; anfractus 6 sutura marginata, striata, subcanaliculata discreti ; anfractus ultimus angulatus, sed in vicinio peristomatis regulariter convexus ; apertura vix obliqua, subrotunda, intus cœrulescens ; peristoma rubro-aurantiacum, crassum, reflexum, marginibus callo crasso, concolore junctis. — Operculum extus concavum, multispirale, anfractibus irregularibus ; intus convexum, nitidum, nucleo centrali prominulo. — Diam. maj. 42 mil-

lim., min. 33, alt. 31. Apert. 24 millim. alta, 22 lata
(Coll. L. Morlet).

Coquille profondément ombiliquée, déprimée, solide, subanguleuse, striée transversalement et longitudinalement, assez luisante, d'un brun marron foncé, ornée de deux bandes brunes, généralement couverte d'un léger limon ferrugineux. Spire peu élevée, composée de six tours s'élargissant très rapidement, séparés par une suture granuleuse et recouverte en partie par une petite expansion du tour supérieur; dernier tour légèrement anguleux jusque dans le voisinage du bord externe, où il devient complètement convexe. Ombilic très grand et laissant apercevoir les premiers tours. Ouverture légèrement oblique, subarrondie, d'une teinte bleuâtre et laissant apercevoir par transparence les deux zones brunâtres de l'intérieur. Péristome d'un rouge orangé, épais, fortement réfléchi, à bords réunis par un dépôt calleux de même couleur et assez fort. — Opercule concave en dehors, multispiré, à tours irréguliers; concave à sa face interne, luisant, jaunâtre, à sommet central proéminent, papilliforme.

Le plus grand diamètre de la coquille est de 42 millimètres, le plus petit de 33, la hauteur de 31. L'ouverture a 24 millimètres de haut sur 22 de large, péristome compris.

Hab. Les montagnes de Dey-Crahom (terre rouge), sur la rive droite du grand fleuve (Pavie).

Obs. Cette espèce est très voisine du *Cyclophorus fulguratus*, Pfeiffer, mais elle s'en distingue par sa taille plus grande, son ombilic plus largement ouvert, sa coloration plus foncée, son péristome plus épais et d'un rouge orangé plus vif, et surtout par son opercule, dont les tours, du côté interne, sont moins bien circonscrits et moins nettement accusés que chez le C. fulguratus.

4. CYCLOPHORUS PAVIEI. L. Morlet (Pl. XI. fig. 4, et 4ª).

Testa umbilicata, conica, solida, radiatim tenuiter striata, pallide lutescens, flammulis et maculis angulatis densis, radiantibus, saturate fuscis, ubique ornata ; spira elevato-turbinata ; anfractus 5 1/2 convexi, sutura simplice discreti ; ultimus 2/3 longitudinis æquans, convexus, zona angusta, albida ad peripheriam ornatus, ad basin zonula castanea circa umbilicum munitus ; umbilicus latiusculus ; apertura subrotunda, intus pallide subcœrulea ; peristoma album, crassum, reflexum, marginibus callo tenui junctis.— Operculum ? — Diam. maj. 32 mill., min. 24, alt. 28 ; apert. 18 mill. longa, 17 lata (Coll. L. Morlet).

Coquille ombiliquée, conique, solide, finement striée longitudinalement, luisante, d'une couleur jaune pâle, ornée sur toute sa surface de flammules d'un brun foncé, petites, serrées et allant dans le sens longitudinal. Spire de forme turbinée, élevée, composée de 5 tours 1/2 convexes, séparés par une suture simple ; dernier tour très développé, formant à lui seul les 2/3 de la longueur totale de la coquille, très convexe en dessous et coupé au milieu par une petite zone blanchâtre. Ombilic élargi à l'orifice, se rétrécissant rapidement et ne laissant voir, tout au plus, que les deux derniers tours. Ouverture subarrondie, d'une coloration bleuâtre pâle à l'intérieur, et laissant apercevoir, par transparence, la zone blanchâtre qui se trouve au milieu du dernier tour. Péristome blanc, épais et réfléchi ; bords réunis par un dépôt calleux très mince.

Plus grand diamètre de la coquille 32 millimètres, plus petit 24, hauteur 28; longueur de l'ouverture 18 millimètres, largeur 17.

Hab. Les montagnes de Dey-Crahom (terre rouge), sur la rive droite du grand fleuve (Pavie).

Obs. Cette espèce, voisine du Cyclophorus Malayanus, Benson, s'en distingue par sa coloration plus foncée et la netteté plus grande de sa cingulation périphériale blanche.

5. CYCLOPHORUS KLOBUKOWSKII, L. Morlet (Pl. XII, fig. 1).

Testa umbilicata, conica, tenuiter et radiatim striata, pallide olivacea; spira acuta; sutura simplex; anfractus 5 convexi; primus fuscus, cæteri flammulis castaneis obscure et inconspicue picti; anfractus ultimus magnus, 2/3 longitudinis æquans, infra convexus; umbilicus profundus; apertura subrotundata, supra vix subangulata, intus albida; peristoma album, tenue, vix reflexiusculum, marginibus callo tenui junctis. — Operculum? — Diam. maj. 13 mill., min. 10; alt. 12. Apert. 6 1/2 mill. alta, 6 lata (Coll. L. Morlet).

Var. β zonata, anfractus ultimus zona angusta fusca ornatus.

Coquille ombiliquée, conique, solide, finement et longitudinalement striée, d'une couleur olivâtre pâle; spire à sommet assez pointu, composée de 5 tours séparés par une suture simple, très convexes, s'accroissant rapidement; premier tour brun, tours suivants couverts de petites flammules brunes et très fines, visibles seulement à la loupe; dernier tour grand et formant à lui seul les 2/3 de la coquille, très convexe en dessous. Ombilic profond, se rétrécissant rapidement. Ouverture subarrondie, légèrement anguleuse en haut, d'une couleur blanchâtre à l'intérieur. Péristome blanc, mince et légèrement réflé-chi ; bords réunis par un dépôt calleux très mince.

Plus grand diamètre de la coquille 13 millimètres, plus petit 10 ; hauteur totale 12. L'ouverture a 6 1/2 millimètres de haut sur 8 de large.

Il existe une variété un peu plus petite (Pl. XII, fig. 1*a*), dont les flammules sont plus prononcées et qui est ornée d'une bande brune très accentuée sur le dernier tour.

Hab. Près des rapides de Kamchay, aux environs de la grotte de Kébal-Réméas (route de Kampot à Hatien) ; trouvé communément sur les montagnes, dans les forêts, jusqu'à Compong-Som, et sur les rives de Tap-Chéang. Vit sur les bois pourris et les troncs des vieux arbres (Pavie).

6. Cyclophorus Landesi, L. Morlet (Pl. XI, fig 5 à 5*e*).

Testa anguste umbilicata, conica, brevis, tenuis sub epidermide tenuissima flammulis radiantibus, fulguratis, medio angulatis ornata, striis radiantibus et spiralibus tenerrimis impressa; spira subacuta; anfractus 5 1/2, sutura simplice discreti; ultimus dimidiam testæ partem æquans, infra valde convexus; apertura subrotundata, translucida; peristoma subduplex, intus album, extus prominulum, fuscum, marginibus callo crasso junctis. — Operculum tenue, albidum, multispirale. — Diam. maj. 5 1/2 mill., min. 4 1/2; alt. 6. Apert. 3 1/2 mill. alta, 3 1/2 lata (Coll. L. Morlet).

Coquille étroitement ombiliquée, courte, mince, ornée.

sous un épiderme très mince et d'un jaune olivâtre, de flammules fulgurées brunes, régulièrement disposées, marquée de stries longitudinales et transversales très fines. Spire assez pointue, composée de 5 tours et demi convexes et séparés par une suture simple ; dernier tour formant à lui seul la moitié de la longueur totale de la coquille, et très convexe en dessous. Ombilic se rétrécissant rapidement. Ouverture subarrondie, blanchâtre à l'intérieur et laissant apercevoir, par transparence, les flammules en zigzag qui ornent la coquille extérieurement. Péristome à peu près double, blanc à sa partie interne, saillant et d'une teinte brune à sa partie externe ; bords réunis par un dépôt calleux assez épais. Opercule mince, blanchâtre, multispiré.

Plus grand diamètre de la coquille 5 1/2 millimètres, plus petit 4 1/2 ; hauteur 6. Ouverture 3 1/2 millimètres de haut sur 3 1/2 de large.

Hab. Extrémité de la chaîne de l'Éléphant, non loin de la mer (Pavie).

7. Pterocyclus Fischerianus, L. Morlet (Pl. XII, fig. 2, 2ᵃ, 2ᵇ).

Testa late umbilicata, subdiscoidea, solida, nitidula, luteo-albida, superne flammulis castaneis, angulatis, irregulariter fulguratis ornata, basi albo maculata ; anfractus 5 convexi, sutura impressa, subcanaliculata discreti ; anfractus ultimus parum descendens, rotundatus, ad peripheriam zona fusca, lacerata, interdum interrupta munitus ; apertura rotunda, perobliqua, superne subangulata ; peristoma duplex, album ; margine interno continuo, brevi, externo dilatado, reflexo, superne producto et angulato. — Operculum ? — Diam. maj. 28 mill., min. 22 ;

alt. 17. Apert. cum perist. 14 mill. longa, 12 lata (Coll. L. Morlet).

Coquille très largement ombiliquée, subdiscoïde, solide, un peu luisante, d'un jaune blanchâtre, ornée, sur sa face supérieure, de petites flammules brunes, plus ou moins serrées, anguleuses, disposées très irrégulièrement en zigzag, et, sur sa face inférieure, de taches plus claires. Spire composée de 5 tours très convexes, séparés par une suture simple, mais profonde, formant comme un petit canal; dernier tour descendant, arrondi, orné, à sa périphérie, d'une bande brune, plus ou moins irrégulièrement interrompue. Ouverture oblique, formant un cercle légèrement anguleux en haut; péristome double et blanc; bord interne continu, étroit; bord externe fortement développé et réfléchi, légèrement porté en avant et anguleux près du point d'insertion.

Plus grand diamètre de la coquille 28 millimètres, plus petit 22; hauteur 17. Ouverture, péristome compris, 14 millimètres de haut sur 12 de large.

Hab. Pnoms, Kébal Khmocq (Cambodge) (Pavie).

Obs. Cette espèce, voisine du Pterocyclus anguliferus, Souleyet, en diffère par sa forme moins aplatie, par sa spire plus saillante, par sa coloration moins foncée, par son test un peu plus épais, et enfin par le développement moindre de l'angle que forme son péristome, dans le voisinage du point d'insertion.

8. PALUDINA TIRANTI. L. Morlet (Pl. XII, fig. 3, 3ᵃ).

Testa rimata, turriculata, crassa, olivaceo-nigricans, striis incrementi irregularibus et costulis spiralibus, minute granulosis, in ultimo anfractu evanidis, ornata, epiderme tenui et nitente induta; anfractus 7 convexiusculi,

sutura impressa discreti; ultimus dimidiam testæ partem
subæquans; apertura subrotundata, supra angulosa, intus
lactea, marginibus callo crasso, concolore junctis, externo
nigro marginato, reflexiusculo. — Operculum? — Long.
46 mill., diam. maj. 33; apert. vix 22 mill. longa, 19 lata.

Coquille munie d'une légère fente ombilicale, turriculée, allongée, épaisse, présentant, sur les premiers tours, une coloration d'un vert olivâtre, qui passe au brun foncé, sur le dernier, ornée de stries d'accroissement très irrégulières et, sur les premiers tours, de côtes spirales, granuleuses, très fines, qui diminuent progressivement et sont remplacées, sur le dernier, par de petites bandes transversales brunes et étroites. Épiderme mince et luisant. Spire composée de 7 tours plano-convexes, augmentant graduellement, séparés par une suture bien marquée; dernier tour formant à lui seul environ la moitié de la longueur totale de la coquille. Ombilic étroit et recouvert en partie par le bord columellaire. Ouverture subarrondie, légèrement anguleuse vers le sommet; intérieur d'un blanc de lait. Bords réunis par un dépôt calleux blanc et épais; péristome légèrement réfléchi et bordé de noir, à sa partie externe. Opercule inconnu.

Longueur totale de la coquille 46 millimètres, plus grand diamètre 33. Longueur de l'ouverture 22, plus grande largeur 19 millimètres.

Hab. Très commune à Kampot, dans les marais, les rizières, les arroyos qui communiquent avec la rivière, sur la rive gauche; à Lré Ombelle.

Obs. Cette espèce, voisine du Paludina obscurata, Deshayes, s'en distingue par sa forme plus allongée, sa taille plus forte, sa spire plus longue et ses tours plus arrondis, son ombilic plus étroit et son nombre de côtes granuleuses plus considérable.

9. Paludina Thomsoni, L. Morlet (P.. XII, fig. 4, 4ª).

Testa vix subrimata, elongato-turbinata, crassiuscula, transversim costulato-striata, saturate olivaceo-fusca ; spira sat elongata, apice subacuto : sutura impressa ; anfr. 6 convexiusculi, supra suturam subangulati, ultimus paululum descendens, versus medium angulato-carinatus, basi sublævis ; apertura subrotundata, juxta insertionem subangulata, intus lactea ; peristoma incrassatum, nigrum, marginubus callo concolore junctis, basali et externo vix reflexiusculis. — Operculum? — Longit. 30 millim. diam. maj. 24. Apertura cum peristomate 15 millim. longa, 13 lata (Coll. L. Morlet).

Coquille munie d'une fente ombilicale à peine visible, de forme turbinée, assez épaisse, ornée de stries d'accroissement irrégulières et de petites côtes spirales brunes au nombre de 5, tendant à disparaître sur le dernier tour, un peu rugueuse, et d'un brun olivâtre foncé, sous un épiderme mince et luisant ; spire composée de 6 tours légèrement convexes, augmentant régulièrement, séparés par une suture simple, au delà de laquelle se manifeste une angulation marquée, les premiers légèrement excoriés, le dernier formant à lui seul un peu plus de la moitié de la longueur totale de la coquille. Ombilic étroit, presque entièrement fermé par le bord columellaire. Ouverture presque arrondie, subanguleuse près du point d'insertion et d'un blanc bleuâtre, à l'intérieur. Péristome noir et épais, à bords réunis par un dépôt calleux de même couleur et également épais. — Opercule inconnu.

Longueur totale de la coquille 30 millimètres, plus grand diamètre 24. Longueur de l'ouverture, y compris le péristome, 15 millimètres, plus grande largeur 13.

Hab. Les marais du golfe de Siam (Pavie).

Obs. Cette coquille se rapproche un peu du Paludina Bengalensis, Lamarck, mais elle s'en distingue par sa forme un peu plus allongée et ses côtes spirales (tandis que. dans le P. Bengalensis, ce ne sont que des lignes), par sa coloration beaucoup plus foncée, par son péristome épais et noir, tandis que, dans l'autre espèce, la couleur est différente.

10. MELANIA PAVIEI, L. Morlet (Pl. XII, fig. 5 et 5ᵃ).

Testa imperforata, conica, elongata, tenuis, pallide olivaceo-viridula , longitudinaliter costulata , transversim costulato-striata ; anfractus 8-9 parum convexi, primi 2 decollati, sutura depressa discreti ; anfractus ultimus costulis inferne evanescentibus et liris basalibus, spiralibus, densis, prominentibus munitus ; apertura ovalis, marginibus callo tenui junctis, columellari sordide albido, arcuato, basi dilatato et tenui, labro acuto. — Operculum ? — Long. 33 mill., diam. maj. 10. Apert. vix 9 mill. longa, 6 lata (Coll. L. Morlet).

Coquille imperforée, conique, allongée, mince, à coloration d'un vert olivâtre clair, striée, costulée longitudinalement et munie transversalement de costulations moins fortes. Spire composée de 9 à 10 tours peu convexes, mais n'en conservant généralement que 7, les 2 ou 3 premiers étant érodés; la partie inférieure de chaque tour forme une gouttière, dans les individus adultes, et, dans les jeunes, cette partie est formée par un bourrelet; dernier tour descendant; dans la partie inférieure, les côtes longitudinales disparaissent et les stries transverses deviennent plus saillantes et plus serrées. Péristome d'un blanc sale, à bords réunis par un dépôt calleux, mince et de même coloration : bord columellaire légèrement cintré, dilaté et mince à la base. Ouverture ovale; bord externe simple et tranchant. — Opercule inconnu.

Longueur totale de la coquille 33 millimètres, plus grand diamètre 10. Longueur de l'ouverture 9 millimètres, plus grande largeur 6.

Hab. Marais du Kah Sutine (Pavie).

Obs. Cette espèce, voisine du Melania tuberculata, Müller, s'en distingue néanmoins par sa forme plus régulière, son nombre de tours plus faible, ses côtes longitudinales et transversales plus fortes et plus régulières. Ses ornementations couvrent toute la coquille, tandis que, dans le M. tuberculata, le dernier tour n'est garni que de côtes transverses et qu'il est plus long et plus large proportionnellement. Souvent, chez le M. Paviei, la coquille se trouve plus ou moins recouverte d'un enduit ferrugineux roussâtre.

11. MELANIA LEMYREI, L. Morlet (Pl. XII fig. 6, 6ª, 6ᵇ).

Testa imperforata, conica, tenuis, pallide olivacea, fusco punctata, transversim costulata, longitudinaliter costulis, in infractu ultimo et in penultimo evanidis, ornata; anfractus 9-10 vix convexiusculi, primi 2-3 decollati, inferne et ad suturas marginati et convexiusculi, anfractus ultimus vix descendens, basi zona castanea, lata tinctus: apertura ovalis, marginibus callo tenui junctis ; margine columellari arcuato, albo, parum dilatato, labro acuto. — Operculum. — Long. 23 mill., diam. maj. 8. Apert. 8 mill. longa, 5 lata.

Coquille imperforée, conique, mince, d'un vert olivâtre

clair, costulée transversalement et longitudinalement, sauf
sur les deux derniers tours où les costulations longitudinales disparaissent et où les transverses tendent à s'atté-
nuer, près de la suture. Test orné de petits points bruns,
surtout près de la suture. Spire composée de 9 à 10 tours
à peine convexes et augmentant graduellement, mais ne
conservant que 7 et quelquefois même que 6 tours intacts,
les premiers ayant disparu par suite d'érosion ; dernier
tour non descendant, orné d'une bande basale brune, partant de la partie supérieure de l'ouverture. Bords réunis
par une callosité très mince; bord columellaire régulièrement cintré, blanc, légèrement dilaté. Ouverture ovale,
bord externe simple et tranchant. — Opercule inconnu. —
Longueur totale de la coquille 23 millimètres, plus grand
diamètre 8. Longueur de l'ouverture 8 millimètres, plus
grande largeur 5.

Hab. Cambodge (Pavie).

Obs. Cette espèce, voisine du Melania tuberculata, Müller,
s'en distingue par sa forme conique, moins élancée. ses
ornements tout différents, son ouverture plus petite et la
zone brune qui orne une partie du dernier tour. Il existe
une variété un peu plus grêle (Pl. XII, fig. 6), un peu
plus petite de taille, et dont les costulations sont plus
saillantes et les tours moins aplatis.

12. MELANIA DAUTZENBERGIANA, L. Morlet (Pl. XIII,
fig. 1 à 1ᶜ).

*Testa imperforata. turriculata, tenuis, pallide olivaceo-
fusca, flammulis saturatioribus fuscis ornata; anfractus
10-12, primi 3-4 erosi; reliqui convexiusculi, liris spiralibus regularibus muniti, superne et prope suturas angulato canaliculati ; anfractus ultimus spira multo minor :
apertura angulato-ovata, albida, marginibus callo tenui*

junctis, margine columellari tenui, dilatato, albo, externo regulariter arcuato, basali subacute angulato. — Operculum? — Long. 43 millim , diam. maj. 14; apert. vix 13 mill. longa, 10 lata (Coll. L. Morlet).

Coquille imperforée, turriculée, mince, à coloration d'un brun olivâtre clair, avec des flammules ondulées et plus foncées, sur chaque tour. Spire composée de 10 à 12 tours, dont les 3 ou 4 premiers ont disparu par érosion ; les autres sont assez convexes, augmentant graduellement, ornés de stries d'accroissement longitudinales, irrégulières, assez espacées et assez fortes ; les deux derniers sont munis de fortes stries transversales, régulièrement espacées ; la partie supérieure de chaque tour est ornée d'une petite carène, qui forme avec la suture un petit canal garni de granulations constituées par le croisement des stries transverses et des stries longitudinales ; dernier tour beaucoup plus petit que la spire. Ouverture de forme ovale, anguleuse et blanchâtre à l'intérieur. Bords réunis par un dépôt calleux mince ; bord columellaire mince, dilaté, blanc ; bord externe régulièrement arrondi ; bord basal subanguleux. — Opercule inconnu. — Longueur totale de la coquille 43 millimètres, plus grand diamètre 14. Longueur de l'ouverture un peu moins de 13 millimètres, plus grande largeur 10.

Hab. Les ruisseaux se jetant dans le Prec-Thenot, sur sa rive droite, dans les environs de Kompong Tull (Pavie).

Obs. Cette espèce est très voisine du Melania Schomburgki, Reeve, mais elle s'en distingue par sa forme turriculée et sa suture qui est ornementée, ainsi que les deux derniers tours, tandis que le M. Schomburgki est conique, a la suture canaliculée et les tours de spire sans aucun ornement.

Il existe une variété (Pl. xiii, fig. 1ʰ, 1ᶜ) dont les tours
sont un peu moins arrondis ; les ornementations du dernier tour et celles de la partie supérieure de chaque autre
tour sont plus prononcées.

Je ne connais pas la localité précise de cette variété,
au Cambodge.

13. Pseudodon Thomsoni , L. Morlet (Pl. XIII, fig. 2, 2ᵃ).

*Testa tenuis, oblonga, inæquilateralis, convexiuscula,
ad marginem posticum obsolete angulato-carinata, paululum nitens, concentrice, striata, epidermide pallide cas-
taneo-fulva induta, margine antico brevi, depresso, rotundato ; margine postico dilatato, rotundato ; umbonibus vix
prominulis, erosis ; margarita valvarum intus ad umbones aurantio-fulva, mox iridescens, et lineis, radiantibus
obscuris, vix conspicuis ornata ; cicatriculis musculari-
bus vix impressis ; linea pallcali conspicua ; dens cardinalis anticus minutus, mediocriter prominulus ; ligamen-
tum tenue. — Diam. antero-post. 53 mill., diam. umbono-
marg. 32, crass. 12 mill. (Coll. L. Morlet).*

Coquille mince, oblongue, inéquilatérale, légèrement
bombée, obscurément carénée et déprimée au côté postérieur, munie de stries d'accroissement concentriques,
un peu luisante, couverte d'un épiderme d'un fauve marron clair et sujet à s'exfolier, près des crochets. Côté antérieur court, déprimé, arrondi ; côté postérieur dilaté
et largement arrondi ; crochets peu saillants et érodés ;
nacre de l'intérieur des valves d'un fauve orangé sous
les crochets, d'un blanc irisé rosâtre ailleurs, et ornée, à
l'intérieur, de stries transverses, régulières, à peine visibles ; impressions musculaires faiblement indiquées ; im-

pressions palléales prononcées; dent cardinale du côté antérieur petite et médiocrement saillante; dent lamelliforme mince et peu apparente sur le côté postérieur; ligament faible. — Diamètre antéro-postérieur 53 millimètres; diamètre umbono-marginal 32; épaisseur 19.

Hab. Cambodge (Pavie).

Obs. Forme très voisine du P. exilis, Morelet (1), du lac Tonli-Sap, et qui devra peut-être lui être réunie ultérieurement, à titre de variété, lorsque l'on aura pu examiner comparativement un nombre d'individus suffisant des deux formes. Le côté antérieur du P. Thomsoni semble être un peu plus largement arrondi et un peu plus développé, proportionnellement, que celui de l'autre forme.

14. DREISSENSIA CROSSEANA, L. Morlet (Pl. XIII, fig. 3 à 3ᵉ).

Testa mytiliformis, inæquilateralis, concentrice striatula, contorta, antice arcuata, concava, subinflata, valde carinata, postice latior, subrotundata, depressa, castaneofusca, ad umbones pallidior ; umbones oblique contorti, subacuti ; septum sat latum, albido-violaceum ; pagina interna valvarum albido-violacea, in vicinio marginis saturatior, violaceo-nigricans, albido limbata. — Diam. antero-post. 40 millim., diam. umbono-marg. 24, crass. 9 millim. (Coll. L. Morlet).

Coquille mytiliforme, inéquilatérale, munie de fines stries concentriques, contournée. Coloration externe d'un brun fauve, qui devient plus clair dans le voisinage des crochets. Côté antérieur fortement arqué, concave, renflé et fortement caréné; côté postérieur plus large, subarrondi

(1) *Journ. Conchyl.*, vol. XIV, p. 63, 1866, et Morelet, *Sér. Conchyl*, p. 340, pl. XVII, fig. 1, 1875.

et relativement déprimé. Crochets contournés obliquement du côté antérieur et assez pointus. Septum caractéristique assez largement développé et d'un blanc violacé. Face interne des valves d'un blanc violâtre, qui devient plus foncé et tourne au noirâtre dans le voisinage du bord, dont le limbe externe reste blanchâtre. — Diamètre antéro postérieur de la coquille 10 millimètres; diamètre umbono-marginal 24; épaisseur 9.

Hab. Cambodge (Pavie).

Conformément au désir de M. Pavie, à qui nous devons de nombreuses et intéressantes communications malacologiques, nous dédions quelques-unes de nos espèces nouvelles à M. Thomson, Gouverneur de la Cochinchine; à M. Klobukowski, chef du cabinet du Gouverneur; à M. Landes, Administrateur de Mytho, et à M. le Dr Tirant, maire de Cholon et ornithologiste distingué, en remerciment du concours bienveillant que chacun d'eux a donné à notre honorable correspondant, en vue de faciliter ses recherches.

L. M.

(Extrait du numéro d'octobre 1884 du *Journal de Conchyliologie.*)

DESCRIPTION

D'ESPÈCES NOUVELLES DE COQUILLES

RECUEILLIES PAR M. PAVIE AU CAMBODGE

PAR

Le Commandant L. MORLET

Diagnoses Molluscorum novorum Cambodgiæ,

Auctore L. MORLET.

1. HELIX FOURESI.

Testa umbilicata, depressa. tenuicula, hispida, epidermide virescente induta, impresso-punctata et striata ; spira vix prominula, obtusa; anfractus 5 convexiusculi et sutura impressa discreti ; ultimus medio carinatus et supra carinam depressus, infra convexus, striis incrementi regulariter distantibus ornatus; umbilicus profundus ; apertura obliqua, descendens, marginibus callo tenui junctis ; margine columellari brevi, dilatato ; margine basali arcuato; supero subrecto; peristoma tenue, late reflexum. — *Diam. maj. 19 mill., min. 16; alt. 10* (Coll. Morlet).

Hab. Plateau de Stang-Trang, Cambodge (Pavie).

2. BULIMUS (AMPHIDROMUS) BEGINI.

Testa sinistrorsa, oblecte rimata, subfusiformis, tenuis, nitens, albida, flammulis castaneis, irregularibus et costulis longitudinalibus, irregularibus, interdum bifidis, ornata ; spira elevata ; anfractus 6-7 convexi, sutura subcrenulata discreti; primi 3 lœvigati, apice castaneonigrescente, reliqui costulati ; ultimus 2/3 longitudinis æquans ; apertura basi subangulata; peristoma castaneofuscum, parum incrassatum et reflexum, marginibus non continuis, columellari rimam umbilici tegente. — *Longit. 25 mill.; diam. maj. 13 ; apertura 12 mill. longa, 7 lata* (Coll. Morlet).

Hab. Plateau de Stang-Trang, Cambodge (Pavie).

3. Canidia Paviei.

Testa subrimata, ovata, crassa, ventricosa, lutescens, castaneo zonata, liris spiralibus, regularibus, approximatis et striis incrementi tenuibus notata; spira brevissima; anfractus 4-5 convexi, sutura impressa, subcanaliculata discreti, primi erosi, liris supernis latioribus et interstitiis lirulis parallelis ornati; anfractus ultimus trizonatus; apertura ovata, oblonga, postice angulata, antice marginata, brevis, marginibus callo tenui, nitente junctis; margine columellari arcuato, medio concavo, rimam umbilici tegente; labrum crassum, arcuatum, dilatatum, subreflexum, ad basin canalem brevem formans. — Operculum ignotum. — Longit. 9 mill., diam. maj. 5; apertura 7 mill. longa, 3 lata (Coll. Morlet).

Hab. Les rapides de Sambor, Mékong,, Cambodge (Pavie)

L. M.

(Extrait du numéro d'avril 1886 du *Journal de Conchyliologie.*)

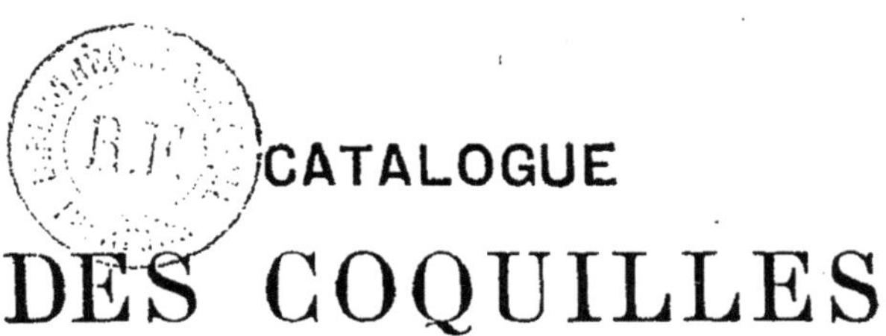

CATALOGUE
DES COQUILLES

RECUEILLIES PAR M. PAVIE

DANS LE CAMBODGE ET LE ROYAUME DE SIAM

ET

DESCRIPTION D'ESPÈCES NOUVELLES

CATALOGUE
DES COQUILLES

RECUEILLIES PAR M. PAVIE

DANS LE CAMBODGE ET LE ROYAUME DE SIAM

ET

DESCRIPTION D'ESPECES NOUVELLES

PAR

LE COMMANDANT L. MORLET

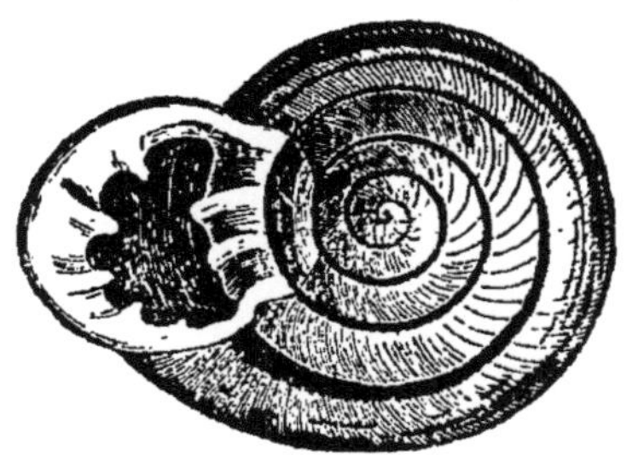

A PARIS

CHEZ H. CROSSE, RUE TRONCHET, 25.

—

1889

CATALOGUE
DES COQUILLES

RECUEILLIES PAR M. PAVIE

DANS LE CAMBODGE ET LE ROYAUME DE SIAM

ET

DESCRIPTION D'ESPÈCES NOUVELLES (1)

I.

J'ai publié, dans le *Journal de Conchyliologie*, en 1883, 1884 et 1886, la description d'un certain nombre d'espèces nouvelles, trouvées au Cambodge par M. Pavie, qui était alors chargé d'organiser le réseau télégraphique de cette contrée.

M. Pavie, ayant obtenu, en 1884, une Mission scientifique, pour continuer l'exploration du Cambodge et du Royaume de Siam, envoya au Muséum d'histoire naturelle de Paris, les matériaux qu'il avait pu recueillir dans ses voyages, en manifestant le désir de me voir chargé de leur étude. Je dois à la grâcieuse obligeance de M. le Professeur E. Perrier la communication de ces collections, et je le prie d'accepter ici l'expression de mes sentiments les plus

(1) Voir *Journ. de Conchyl.*, vol. XXXI., p. 104; vol. XXXII, p. 386; vol. XXXIV, p. 74.

reconnaissants. Ces communications commencèrent vers la fin de 1886.

M. Pavie, actuellement Vice-Consul au Laos, a pu, récemment, grâce à son énergie, franchir la distance qui sépare le Laos du Tonkin, par l'Annam, et réussir dans cette opération difficile qu'il avait tentée infructueusement en 1887. Le premier parmi les Européens, il a parcouru cette nouvelle voie, ouverte au commerce et à l'industrie du monde civilisé. Il a dû sans doute y faire de nouvelles découvertes scientifiques encore plus importantes que les précédentes, et mériter ainsi les remerciements des naturalistes, pour son zèle infatigable.

Dans les publications précédentes, je m'étais borné à décrire les espèces nouvelles de Mollusques ; aujourd'hui, je crois qu'il est utile de faire connaître dans leur ensemble les espèces recueillies, par M. Pavie, au Cambodge et au Siam, ainsi que leur habitat. Par cette liste, les lecteurs du *Journal de Conchyliologie* auront sous les yeux des documents précis sur la Faune conchyliologique de l'Indo-Chine, dont quelques régions ne commencent à être connues que depuis un petit nombre d'années.

CATALOGUE DES ESPÈCES

II.

GASTROPODES

I. G. STREPTAXIS, Gray. 1837.

1. *S. pellucens* Pfeiffer, *Proc. Zool. Soc. of London,* p. 373, pl. XXXVI, fig. 6, 1862.

Var. major, L. Morlet, *Journ. Conchyl.,* vol. XXXI, p. 105, pl. IV, fig. 2, 2ª, 1883.

Hab. Les montagnes de Kam-Chay à Kampot; montagnes de la chaîne de l'Eléphant et de Phnom-Dey (Cambodge); Mékong.

2. S. *Lemyrei*, L. Morlet, *Journ. Conchyl.*, vol. XXXI, p. 101, pl. IV, fig. 1, 1ᵃ, 1883.

Hab. Les montagnes de Kam-Chay à Kampot (Cambodge).

II. G. HELICARION, Férussac. 1819.

3. *H. Paviei*, L. Morlet, *n. sp.*

Hab? Cette espèce nous a été envoyée dernièrement, sans localité précise.

III. G. VITRINA, Draparnaud. 1801.

4. *V. Cochinchinensis*, Morelet, *in Journ. Conchyl.*, vol. XIV, p. 62, 1866. — *Sér. Conch*, fasc. 4, p. 241, pl. XII, fig. 7, 1875.

Hab. La montagne de Kambo, en face de Chantabun, forêt de Srakéo et celle entre Royong et Petrioca (Siam).

IV. G. NANINA, Gray. 1834.

5. *N. subcornea*, Pfeiffer *(Helix)*, *in Proc. Zool. Soc. of London*, p. 20, 1861.

Var. resplendens, Philippi, *in Zeitschr. f. Malak.*, p. 192, 1846. — Chemnitz, éd. II, *Helix*, n° 688, pl. 110, fig. 7 9.

Hab. Kébal-Rouméas (Cambodge).

6. *N. pedina*, Benson *(Helix)*, *Ann. nat. Hist.*, ser. III, vol. XV, p. 13, 1845. — Reeve, *Conch. Icon. Mon. Helix*, pl. LI, fig. 3.

Hab. La forêt entre Pasé et Chantabun et celles des montagnes entre Bangkok et Chantabun (Siam).

7. *N. Benoiti*, Crosse et Fischer (*Zonites*), *in Journ. Conchyl.*, vol. xi, p. 436, pl. XIV, fig. 4, 1863.

Hab. Bangkok et Chantabun (Siam).

V. G. ZONITES, Montfort. 1810.

8. *Z. Ramburianus*, Mabille et Le Mesle, *in Journ. Conchyl.*, vol. xiv, p. 125, pl. VII, fig. 7, 1866.

Hab. Domnac-Tenong (Cambodge).

VI. G. HEMIPLECTA. Albers. 1850.

9. *H. Crossei*, Pfeiffer (*Helix*), *Journ. Conchyl.*, vol. x, p. 39, pl. V, fig. 2, 3, 1862. — Vol. xi, p. 348, 1863. — Vol. xii, pl. XII, fig. 6, 1864.

Hab. Pnom Kébal-Khmoch (Cambodge). Vatana et mont Sysophon (Siam).

10. *H. Weinkauffiana*, Crosse et Fischer, *Journ. Conchyl.*, vol. xi, p. 350, 1863. — Vol. xii, pl. 326, pl. XII, fig. 7, 1864.

Hab. Montagnes de la chaîne de l'Eléphant (Cambodge), Vatana, mont Sysophon, entre Battambaug et Compong-son (Siam).

11. *H. Hugonis*, Pfeiffer (*Helix*), *in Proc. zool. Soc. of London*), p. 523, 1863. — *Nov. Conch.*, p. 304, pl. LXXIV fig. 1-3. — *Helix sinistra*, Bonnet, *in Rev. Zool.*, p. 67, pl. V, fig. 2, 1864.

Hab. Vatana, forêts et montagnes entre Bangkok et Chantabun (Siam).

12. *H. distincta*, Pfeiffer (*Helix*), *Zeitsc. f. Malak.*, p. 69, 1850. — Reeve, *Conch. Icon. Mon. Helix*, pl. LXXX, fig. 465, 1852.

Hab. Répandue dans tout le Cambodge et le Siam.

13. *H. dichromatica*, L. Morlet, *nov. sp.*

Hab. de Srakéo à Ong-Son (Siam).

VI. G. Trochomorpha, Albers. 1850.

14. *T. Saigonensis*, Crosse (*Helix*), *Journ. Conchyl.*, vol. xv, p. 208, pl. VI, fig. 3, 1867.

Hab. Petite Vorvong-Lovea (Cambodge).

15. *T. capitium*, Benson (*Helix*), *in Ann. and Mag. nat. Hist.*, vol. ii, p. 160, 1848. — Reeve, *Conch. Icon. (Mon. Helix)*, pl. LXXXV, fig. 749. 1852.

Hab. Pnom-San-Kréam (Siam).

16 *T. hyphrasma*, Pfeiffer *(Helix)*, *in Proc. Zool. Soc. of London*, p. 124, 1853. — Reeve, *Conch. Icon.*, *Mon. Helix*, pl. CLXXVII, fig. 1297, 1854.

Hab. Montagnes de Kam-Chay (Cambodge).

VII. G. Plectotropis, Albers, 1860.

17. *P. goniochila*, Pfeiffer *(Helix)*, *Journ. Conchyl.*, vol. x, p. 39, pl. VI, fig. 1, 1862.

Hab. Kébal-Khmoch (Cambodge), Mont Taux-Paul, ouest de Parsat (Cambodge); entre Bangkok et Chantabun, Pnom-San-Kréam, Ajuthia (Siam). Les variétés *a* et *b depressa* se trouvent dans cette dernière localité.

18. *P. trichotropis*, Pfeiffer, *(Helix) Zeits. f. Malak.* p. 73, 1850. – Reeve, *Conch. Icon.*, *Mon. Helix*, pl. LXXXV, fig. 460 *a, b*, 1852.

Hab. Vatana (Siam).

19. *P. ptychostyla*, Pfeiffer (*Helix*), *in Journ. Conchyl.*, vol. x, p. 40, pl. VI, fig. 2, 1862.

Hab. Domnac-Reca, Petite Vorvong-Lovea (Cambodge).

20. *P. Paviei*, L. Morlet (*Helix*), *in Journ. Conchyl.*, vol. xxxii, p. 386, pl. XI, fig. 1, 1ª, 1884.

Hab. Dans les forêts, entre Kampot et Pnom-Penh (Cambodge).

VIII. G. Fruticicola, Held. 1837.

21. *F. cestus*, Benson (*Helix*), *in Journ. Asiat. Soc. of Calcutta*, vol. v, p. 353, 1836. — Reeve, *Conch. Icon. Mon. Helix*, pl. CXXV, fig. 751, 1852.

Hab. Pnom-Penh (Cambodge).

22. *F. Norodomiana*, L. Morlet (*Helix*), *in Journ. Conchyl.*, vol. xxxi, p. 106, pl. IV, fig. 3, 3ᵃ, 3ᵇ, 1883.

Hab Kam-Chay (Cambodge).

23. *F. Fouresi*, L. Morlet (*Helix*), *in Journ. Conchyl.*, vol. xxxiv, p. 74, 1885.

Hab. Entre Bangkok, Chantabun et Strakéo (Siam), plateau de Strang-Trong (Cambodge).

IX. G. Acusta, Albers 1860.

24. *A. brevispira*, A. Adams (*Helix*), *in Proc. Zool. Soc. of London*, p. 307, pl. XXVII, fig. 6, 1870.

Hab Entre Chantabun et Srakéo (Siam).

25. *A. Frilleyi*, Crosse et Debeaux (*Helix*), *in Journ. Conchyl.* vol. xi, p. 367, 1863, et vol. xii, p. 319, pl. XII, fig. 3, 1864.

Hab. Kébal-Khmoch (Cambodge).

X. G. Chloritis, Beck, 1837.

26. *C. tenella*, Pfeiffer (*Helix*), *in Journ. Conchyl.*, vol. x, p. 42, pl. V, fig. 6, 7; 1862.

Hab. Entre Bangkok et Chantabun, Pnom-San-Kréam (Siam).

XI. G. Geotrochus, Beck, 1837.

27. *G. Perakensis*, Crosse, *in Journ. Conchyl.*, vol. xxvii, p. 199 et 337, pl. VIII, fig. 4, 1879.

Hab. Entre Bangkok et Chantabun (Siam).

XII. G. AMPHIDROMUS, Albers, 1850.

28. *A. Annamiticus*, Crosse et Fischer (*Bulimus*), *in Journ. Conchyl.*, vol. XI, p. 357, 1863. — *Ibid.* vol. XII, p. 329, pl. XII, fig. 8, 1364.

Hab. Dans tout le Cambodge, sur les arbres bordant les rizières.

29. *A. comes*, Pfeiffer (*Bulimus*), *Nov. Conch.*, vol. III, p. 311, pl. LXXV, fig. 10, 11, 1867-1869.

Hab. Dans les plantations de poivre d'Aréquiers, Kampot, Compentra, sur la frontière près d'Hatien, Tram-Khna, entre Kampot et Pnom-Penh, de Kbal-Khmoch à Kassan-Pno (Cambodge) et aux environs de Battambang (Siam).

30. *A. contrarius*, Müller (*Bulimus*), Müll., *Hist.* p. 93, n° 292. — Chemn. *Conch. Cab.* vol. IX, p. 102, pl. III, fig. 938, 939.

Hab. Montagnes de la chaine de l'Éléphant (Cambodge).

31. *A. inversus*, Bruguière, *Bulimus, Encycl. méth. dict.* n° 37. — Chemnitz, *Conch. Cab.*, vol. IX, p. 93, pl. CX, fig. 925, 926. — *Bulimus citrinus*, Reeve, *Conch. Icon.* (*Mon. Bulimus*), pl. XXXI, fig. 187, 1848.

Hab. Dans tout le Cambodge ; entre Chantabun et Srakéo (S am).

La *var. alba globosa* se trouve à Tram-Khna, entre Kampot et Pnom-Penh, la *var. curta* à Battambang (Siam).

32. *A. leucoxanthus*, Martens (*Bulimus*), *Preussische Exped. nach Ost-Asien*, p. 348, pl. XX, fig. 11, 12, 1867.

Hab. Entre Chantabun et Srakéo (Siam). Jusqu'à ce jour, la localité de cette espèce n'était pas connue.

33. *A. rhombostomus*, Pfeiffer (*Bulimus*), *Proc. Zool. Soc. of London*, p. 194, 1865. — *Mon. Hel. viv.*, vol. VI, p. 33, n° 255, 1868.

Hab. Mont San-Kréam et Pnom — San-Kréam, près Battambang, (Siam).

Obs. Cette espèce n'a pas encore été figurée.

34. *A. Schomburgki*, Pfeiffer (*Bulimus*), *in Proc. Zool. Soc. of London.* p. 137, pl. LI, fig. 9, 1860. — *Bulimus Crossei*, Pfeiffer, *in Journ. Conch.*, vol. XI, p. 43, pl. V, fig. 1, 1861.

Hab. Srakéo (Siam). Montagnes de la chaîne de l'Eléphant, sur les Bambous.

35. *A. semitessellatus*, L. Morlet (*Bulimus*), *in Journ. Conchyl*, vol. XXXII, p. 387, pl. XI, fig. 2, 2ᵃ, 1884.

Hab. Montagnes de la chaîne de l'Eléphant, celles qui bordent le grand fleuve, au delà de Stung-Trang ; les forêts et les montagnes de Kampot à Kompong-Son (Cambodge); Srakéo, (Siam).

36. *A. Begini*, L. Morlet (*Bulimus*), *in. Journ. Conchyl.*, vol. XXXIV, p. 74, 1886.

Hab. Plateau de Stung-Trang, (Cambodge).

XIII. G. Petræus, Albers, 1850.

37. *P. Siamensis*, Redfield (*Bulimus*), *in Ann. of Lyc. N. York*, p. 15, 1853. — Pfeiffer, *Nov. Conch.*, pl. XLVI, fig. 3, 4.

Hab. Répandu dans tout le Cambodge, la *var. minor.* domine entre Bangkok et Chantabun (Siam).

XIV. G. Stenogyra, Shuttleworth, 1854.

38. *S. erecta*, Benson (*Achatina*), *Ann. and Mag. Nat. Hist.*, vol. IX, p. 487. — Pfeiffer, *Conch. Icon. Achatina*, pl. XVI, fig. 69, 1849.

Hab. Ajuthia, (Siam).

39. *S. subula* Pfeiffer (*Achatina*), *in Wiegm. Arch.*,

1839, 1, p. 352. — Crosse et Fischer, *in Journ. Conchyl.*, vol. XI, p. 361, pl. XIV, fig. 6, 1863.

Hab. Les jardins de Pnom-Penh (Cambodge).

XV. G. SUCCINEA, Draparnaud, 1801.

40. *S. tenella.* Morelet (*S. tenuis*), *in Journ. Conchyl.*, vol. XIII, p. 225, 1865. — *Sér. Conch.*, fasc. 4, p. 244, pl. XII, fig. 5, 1875.

Hab. Srakéo (Siam).

41. *S. Cochinchinensis*, Pfeiffer, *in Proc. Zool. Soc. of London*, p. 525, 1863. — Morelet, *Sér. Conch.*, fasc. 4, p. 243, pl. XII, fig. 4, 1875.

Hab. Compong sur Phum Plong (Cambodge). Forêts entre Rayong et Petrioca (Siam).

XVI. G. SCARABUS, Montfort, 1810.

42. *S. trigonus*, Troschel (*Auricula*), *Wiegm. Arch.*, 1840. — Reeve, *Conch. Icon. Mon. Scarabus*, pl. III, fig. 22, 1860.

Hab. Marais de la côte du golfe de Siam, Prec-Tuck-Laak (Cambodge).

XVII. G. AURICULA, Lamarck, 1799.

43. *A. Auris-Midæ*, Lamarck, *Hist. Nat. An. s. vert.*, vol. VIII, p. 123. — *A. Auris-Midæ*, Reeve, *Conch. icon. mon. Auriculidæ*, pl. I, fig. 1.

Hab. De Hatien à Kampot (Cambodge).

44. *A. dactylus*, Pfeiffer, *Nov. Conch.*, vol. I, p. 15, pl. V, fig. 15, 16, 1854-1860.

Hab. Kampot, Pointe Kep à Kompong-Son (Cambodge).

XVIII. G. CASSIDULA, Férussac, 1821.

45. *C. mustelina*, Deshayes (*Auricula*), *Encycl. méth.*, vol. II, p. 92, n° 14. — Küster, *Aur.*, p. 28, pl. IV, fig. 3,

4. — Pfeiffer, *Mon. Auric. viv.*, p. 116 (*Cassidula*).

Hab. Les Côtes, de Kampot (Cambodge) à Bangkok (Siam).

46 *C. nucleus*, Martyn, *Un. Conch.*, pl. XXIV, fig. 2.— Reeve, *Conch. Ic., Mon. Auricul.*, pl. IV, fig. 26.

Hab. de Kampot à Chantabun, dans les eaux corrompues des marais, sur les petites plantes aquatiques.

XIX. G. LIMNÆA, Lamarck, 1801.

47. *L. Crosseana*, Mabille et Le Mesle, *in Journ. Conchyl.*, vol. XIV, p. 30, pl. VII, fig. 5, 1866.

Hab. Pnom-Penh (Cambodge).

XX. G. PLANORBIS, Guettard, 1756.

48. *P. exustus*, Deshayes, *Voy. Bel. Zool.*, p. 417, pl. I, fig. 11-13, 1834. — *P. Coromandelicus*, Küster, *in Chemnitz, Limn.*, p. 43, pl. VI, fig. 14-16, 20-22. — *P. circumspissus*, Morelet, *in Rev. zool.*, p. 477, 1862. — *Sér. Conch.*, fasc. 4, p. 274, 1875.

Hab. Pnom-Penh. Sudon rizière (Cambodge) Vatana et la rivière de Strang (Siam).

XXI. G. ATYS, Montfort, 1810.

49. *A. naucum*, Gmelin (*Bulla*). *Syst. Nat.*, p. 3424.— Reeve, *Conch. Icon. Mon. Bull.*, pl. I, fig. 1 *a, b, c,* 1869.

Hab. Iles du golfe de Siam.

50. *A. elongata*, Adams, *in* Sowerby (*Bulla*), *Thes.*, pl. CXXV, fig. 121. — Reeve, *Conch. Icon., Mon. Bull.*, pl. II, fig. 8, 1869.

Hab. Iles du golfe de Siam.

XXII. — G. BULLA, Klein, 1753.

51. *B. ampulla*, Linné, *Syst. Nat.* — Reeve, *Conch. Icon. Mon. Bull.*, pl. I, fig. 3, *a, b,* 1868.

Hab. Golfe de Siam.

XXIII. G. HAMINEA, Leach, 1847.

52. *H. Perrieri*, L. Morlet, *nov. sp.*
Hab. Golfe de Siam.

XXIV. G. TEREBRA, Adanson, 1757.

53. *T. maculata*, Linné, *Syst. Nat.*, (12ᵉ éd.), p. 1205.
— Reeve, *Conch. Icon. Mon. Tereb.*, pl. I, fig. 4, 1860.
Hab. Ile Phuquoc (golfe de Siam).

54. *T. crenulata*, Linné, *Syst. Nat.* (12ᵉ éd.), p. 1205.
— Reeve, *Conch. Icon. Mon. Tereb.*, pl. II, fig. 6, 1860.
Hab. Ile Phuquoc (Golfe de Siam).

55. *T. flammea*, Lamarck, *var.*, *An. s. vert.* (éd. Deshayes), vol. x, p. 239.—Reeve, *Conch. Icon. Mon. Tereb.*,
pl. IV, fig, 13, *a, b*, 1860.
Hab. Ile Phuquoc (Golfe de Siam).

56. *T. Babylonia*, Lamarck, *An. s. vert.* (éd. Deshayes),
vol. x, p. 243. — Reeve, *Conch. Icon. Mon. Tereb.*, pl. XI,
fig. 43, 1860.
Hab. Les côtes, de Kampot à Bangkok (Golfe de Siam).

57. *T. affinis*, Gray, *Proc. Zool. Soc. of London*,
p. 60. 1834. — Reeve, *Conch. Icon. Mon. Tereb.*, pl. X,
fig. 39, 1860.
Hab. Les côtes, de Kampot à Bangkok (Golfe de Siam).

XXV. G. CONUS, Linné, 1758.

58. *C. eburneus*, Bruguière, *Encycl. Méth. Vers*, vol. 1,
part. 2, p. 640. — Reeve, *Conch. Icon., Mon. Conus*,
pl. XIX, fig. 106, *a, b*, 1843.
Hab. La côte, d'Hatien à Bangkok (Golfe de Siam).

59. *C. consors*, Sowerby, *Conch. Illust.*, p. 42. —
Reeve, *Conch. Icon. Mon. Conus*, pl. XXI, fig. 121, 1843.
Hab. La côte, d'Hatien à Bangkok (Golfe de Siam).

60. *C. characteristicus?* Chemnitz, *Conch. Cab.*, vol. xi,
p. 54, pl. CLXXXII, fig. 1760, 1761, 1795.

Hab. Iles du golfe de Siam.

61. *C. marmoreus*, Linné, *Syst. Nat.*, (éd. Gmelin),
n° 3374. — Reeve, *Conch. Icon. Mon. Conus*, pl. XIV,
fig. 74. 1843.

Hab. Golfe de Siam.

62. *C. senator*, Linné, *Syst. Nat.*, p. 1168.—Martini et
Ch., *Conch. Cab.*, vol. ii, pl. LIX, fig. 659.

Hab. La côte, d'Hatien à Bangkok (Golfe de Siam).

63. *C. capitaneus*, Linné, *Syst. Nat.*, (éd. Gmelin),
p. 3376. — Reeve, *Conch. Icon. Mon. Conus*, pl. XI,
fig. 64, 1843.

Hab. Ile Phuquoc et la côte d'Hatien à Bangkok (Golfe
de Siam).

64. *C. generalis*, Linné, *Syst. Nat.*, p. 1166. — Reeve,
Conch. Icon. Mon. Conus, pl. X, fig. 48, *a*, *b*, 1843.

Hab. La côte, d'Hatien à Bangkok (Golfe de Siam).

65. *C. lividus*, Lamarck, *An. s. vert*, vol. viii, p. 480.
— *Conus cinereus*, Reeve, *Conch. Icon. Mon. Conus*,
pl. XLI, fig. 220, 1844.

Hab. La côte, d'Hatien à Bangkok (Golfe de Siam).

66. *C. quercinus*, Bruguière, *var. Encycl. Méth. Vers*,
vol. i, part. **2**, p. 681. — Reeve, *Conch. Icon. Mon.
Conus*, pl. XXVI, fig. 148, 1843.

Hab. Côte d'Hatien à Bangkok (Golfe de Siam).

67. *C. miles*, Linné, *Syst. Nat.*, p. 1167. — Martini et
Ch., *Conch. Cab.*, vol. ii, pl. LIX, fig. 663, 664.

Hab. Ile Phuquoc ; la côte, d'Hatien à Bangkok (Golfe
de Siam).

68. *C. arenatus*, Bruguière, *Encycl. Méth.* Vers, vol. i,

part. 2, p. 621. — Reeve, *Conch. Icon. Mon. Conus*, pl. XVII, fig. 92, 1843.

Hab. Les îles et la côte du golfe de Siam.

69. *C. lithoglyphus*, Meuschen, *Encycl. Méth. Vers*, vol. I, part. 2, p. 692. — *Ammiralis petrœus*, Chemnitz, *Conch. Cab.*, vol. X, pl. CXL, fig. 1298. — *C. lithoglyphus*, Reeve, *Conch. Icon. Mon. Conus*, pl. IV, fig. 20, 1843.

Hab. Iles du golfe de Siam.

XXVI. G. CYLINDRUS, Montfort, 1810.

70. *C. magus*, Linné, *Syst. Nat.*, p. 1171. — Reeve, *Conch. Icon. Mon. Conus*, pl. XXXV, fig. 190, *a-e*, 1843.

Hab. La côte, d'Hatien à Bangkok (Golfe de Siam).

71. *C. textile*, Linné, *Syst. Nat.* (éd. Gmelin) p. 3393. —Reeve, *Conch. Icon. Mon. Conus*, pl. XXXVIII, fig. 209, 1843.

Hab. Les îles du golfe de Siam.

72. *C. achatinus*, Chemnitz, *Conch. Cab.*, vol. X, p. 66, pl. CXLII, fig. 1317, 1788.

Hab. Côte d'Hatien à Bangkok (Golfe de Siam).

73. *C. geographus*, Linné, *Syst. Nat.* (éd. Gmelin), p. 3396. — Reeve, *Conch. Icon. Mon. Conus*, pl. XXIII, fig. 130, 1843.

Hab. Ile Phuquoc (Golfe de Siam).

XXVII. G. PLEUROTOMA, Lamarck, 1799.

74. *P. nodifera*, Lamarck, *An. s. vert.*, vol. VII, p. 96. — Reeve, *Conch. Icon. Mon. Pleurot.*, pl. IV, fig. 28, 1843.

Hab. Ile Phuquoc (Golfe de Siam).

75. *P. violacea*, Hinds, *Voy.—Sulphur*, p. 16, pl. V, fig. 8.

Hab. Iles du golfe de Siam.

XXVIII. G. Drillia, Gray, 1838.

D. Tayloriana, Reeve, *Conch. Icon. Mon. Pleurotoma,* pl. XL, fig. 366 *a, b,* 1843.

Hab. Golfe de Siam.

77. *D. crenularis,* Lamarck, *An. s. vert.,* vol. VII,
p. 92. — Reeve, *Conch. Icon. Mon. Pleurot.,* pl. VII,
fig. 34, 1843.

Hab. Golfe de Siam.

XXIX. G. Oliva, Bruguière, 1789.

78. *O. ispidula,* Linné (*Voluta*) *Syst. Nat.* (12ᵉ éd.),
p. 1188. — Lamarck, *Ann. Mus.,* vol. XVI, p. 321. —
Reeve, *Conch. Icon. Mon. Oliva,* pl. XVII, fig. 34.

Hab. Iles du golfe de Siam.

76. *O. kaleontina,* Duclos, *Mon. Oliv.,* pl. VIII, fig. 7,
8. — Reeve, *Conch. Icon. Mon. Oliv.,* pl. XX, fig. 49.

Hab. Iles du golfe de Siam.

80. *O. neostina,* Duclos, Mon. Oliv.,pl. XIX, fig. 11-16.

Hab. Iles du golfe de Siam.

XXX. G. Voluta, Linné, 1758.

81. *V. mamilla (Mamillana),* Gray, *in* Sowerby, *Thes.
Conch.,* p. 207, pl. L, fig. 57, 58.

Hab. Ile Phuquoc.

82. *V. scapha (Aulica),* Gmelin, *Syst.Nat.* (éd. Gmelin),
p. 3468. — Reeve, *Conch. Icon. Mon. Voluta,* pl. XVI,
fig. 37, 1849.

Hab. Iles du golfe de Siam.

83. *V. vespertilio (Vespertilio),* Linné, *Syst. Nat.* (12ᵉ
éd.), p. 1494. — Reeve, *Conch. Icon. Mon. Voluta,* pl.V,
fig.11, 1849.

Hab. Iles du golfe de Siam.

XXXI. G. Mitra, Lamarck, 1799.

84. *M. aurantia*, Deshayes, *An. s. vert.*, vol. x, p. 330. — Reeve, *Conch. Icon. Mon. Mitra*, pl. XXIII, fig. 182 *a*, *b*, 1844.

Hab. Iles du golfe de Siam.

85. *M. crebrilirata*, Reeve, *Proc. Zool. Soc. of London*, 1844. — *Conch. Icon. Mon. Mitra*, pl. XIII, fig. 92, 1844.

Hab. Kampot (Golfe de Siam).

XXXII. G. Dipsaccus, Klein, 1753.

86. *D. areolatus*, Lamarck (*Eburna*), *An. s. vert.* (éd. Deshayes), vol. x, p. 235. — Reeve, *Conch. Icon. Mon. Eburna*, pl. 1, fig. 6, 1849.

Hab. Ile Phuquoc (Golfe de Siam).

XXXIII. G. Semifusus, Swainson, 1840.

87. *S. pugilinus*, Born, *Mus.* p. 315. — Reeve, *Conch. Icon. Mon. Pyrulidæ*, pl. 1, fig. 1, *a*, *b*, 1847.

Obs. La variété *minor* et celle à tubercules tendant à disparaître est très abondante.

XXXIV. G. Nassa, Lamarck, 1799.

88. *N. margaritifera*, Dunker (*Buccinum*), *Zeits. f. Malak.*, p. 60, 1847. — Reeve, *Conch. Icon. Mon. Nassa*, pl. IX, fig. 59 *a*, *b*, 1853.

Hab. Kampot (Golfe de Siam).

89. *N. Sturmii*, Philippi, *Zeits. f. Malak.*, p. 135, 1848. — Reeve, *Conch. Icon. Mon. Nassa*, pl. XXII, fig. 148 *a*, *b*, 1853.

Hab. Kampot (Golfe de Siam).

90. *N. tænia*, Gmelin, *Syst. Nat.*, p. 3493. — *Var. oli-*

vacea, Bruguière. — Reeve, *Conch. Icon. Mon. Nassa*, pl. III, fig. 19, 1853.

Hab. Kampot (Golfe de Siam).

91. *N. Thersites*, Bruguière, *Encycl. Méth.*, pl. CCCXCIV, fig. 8.

Hab. Côte de Kampot à Chantabun (Golfe de Siam).

92. *N. Kieneri*, Deshayes, *Cat. Moll. de l'île de la Réunion (Bourbon)*, p. 129, 1863. — *N. marginula*, Reeve, *Conch. Icon. Mon. Nassa*, pl. VIII, fig. 43, 1853. — *N. Kieneri*, Tryon, *Man. of. Conch.* vol. IV, p. 53, pl. XVI, fig. 301-303, 1882.

Hab. Kampot (Golfe de Siam).

XXXV. G. CANIDIA, H. et A. Adams, 1861.

93. *C. Bocourti*, Brot, *in Journ. Conchyl.*, vol. XXIV, p. 352, pl. XII, fig. 6, 1876.

Hab. Grand Lac (Cambodge),; Kompong-Kal., rivière de Battambang (Siam).

94. *C. Helena*, Meder, *in* Phil. *Icon. Melanidæ*, p. 20, pl. IV, fig. 4. — *C. Baudoniana*, Mabille et Le Mesle, *in Journ. Conchyl.*, vol. XIV, p. 133, pl. VIII, fig. 1, 1866.

Hab. Marais de Kah-Sutine, Pnom-Penh (Cambodge); Prey-Sieng (Cambodge).

Obs. Cette espèce est très variable dans sa taille, sa coloration et son ornementation. La *var. Baudoniana* vit à Pnom-Penh, ainsi que celle qui est unicolore ; celle dont les côtes tendent à disparaître vit dans la rivière de Battambang (Siam).

95. *C. Paviei*, L. Morlet, *in Journ. Conchyl.*, vol. XXXIV, p. 75, 1886.

Hab. Les rapides de Sambor, Mékong (Cambodge).

96. *C. Theminckiana*, Petit (*Melania*), *in Journ. Conch.*, vol. IV, p. 255, pl. VII, fig. 11, 1853.

Hab. Kompong-Kal, rivière de Battambang (Siam). — Mekong (Cambodge).

XXXVI. G. COLUMBELLA, Lamarck, 1799.

97. *C. fulgurans*, Lamarck, *Hist. nat. An. s. vert.* (éd. Deshayes), vol. x, p. 272. — Reeve, *Conch. Icon. Mon. Columbella*, pl. XI, fig. 50 *a, b, c*, 1858.

Hab. Iles du golfe de Siam.

XXXVII. G. MUREX, Linné, 1758.

98. *M. capucinus*, Chemnitz, *Conch. Cab.*, vol. XI, pl. CXCII, fig. 1849, 1850.

Hab. Golfe de Siam.

99. *M. Martinianus*, Reeve, *Proc. Zool. Soc.* 1845. — — *Conch. Icon. Mon. Murex*, pl. XVII, fig. 72, 1845.

Hab. Iles du golfe de Siam.

XXXVIII. G. PURPURA, Bruguière, 1789.

100. *P. biscolalis*, Lamarck, *An. s. vert.* (éd. Deshayes), vol. x, p. 22. — Reeve, *Conch. Icon. Mon. Purpura*, pl. VI, fig. 28, 1846.

Hab. Kampot (Golfe de Siam).

101. *P. bufo*, Lamack, *An. s. vert* (éd. Deshayes), vol. x, p. 69. — Reeve, *Conch. Icon. Mon. purpura*, pl. XI, fig. 7, 1846.

Hab. Iles du golfe de Siam.

102. *P. echinata*, Blainville, *Nouv. Ann. du Mus.*, pl. XI, fig. 2.

103. *P. Kieneri*, Deshayes, *An. s. vert.* (éd. Deshayes).

vol. x, p. 64. — Reeve, *Conch. Icon. Mon. Purpura*, pl. VIII, fig. 37, 1846.

Hab. Kampot (Golfe de Siam).

104. *P. luteostoma*, Deshayes, *An. s. vert*. (éd. Lamarck et Deshayes), vol. x, p. 98. — Chemnitz, (*Buccinum*), *Conch. Cab.*, vol. xi, p. 63, pl. CLXXXVII, fig. 1800, 1801. — Reeve, *Conch. Icon. Mon. Purpura*, pl. VIII, fig. 35, 1846.

Hab. Golfe de Siam.

105. *P. undata*, Lamarck, *An. s. vert*. (éd. Deshayes), vol. x, p. 67. — Reeve, *Conch. Icon. Mon. Purpura*, pl. IX, fig. 43, 1846.

Hab. Golfe de Siam.

106. *P. hippocastanea*, Linné (*Thalesa*), *Syst. Nat*. (12ᵉ éd.), p. 1219. — *P. alveolata var*., Tryon, *Man. Conch.*, vol. ii, p. 102, pl. XLV, fig. 40. — Reeve, *Conch. Icon. Mon. Purpura*, pl. XI, fig. 60, 1846.

Hab. Kampot et les îles du golfe de Siam.

107. *P. vexillum*, Chemnitz (*Strombus*), *Conch. Cab.*, vol. x, p. 222, p. CLVII, fig. 1504, 1505.

Hab. Iles du golfe de Siam.

108. *P. Blainvillei*, Deshayes, *An. s. vert*. (éd. Deshayes), vol. x, p. 93. — Reeve, *Conch. Icon. Mon. Purpura*, pl. IX, fig. 44, 1846.

Hab. Iles du golfe de Siam.

XXXIX. G. CUMA, Humphrey, 1797.

109. *C. carinifera*, Lamarck (*Purpura*), *Hist. Nat. an. s. vert*. (éd. Deshayes), vol. x, p. 73. — Reeve, *Conch. Icon. Mon. Purpura*, pl. VI, fig. 26, 1849.

Hab. Kampot (Golfe de Siam).

XL. G. Pentadactylus, Klein, 1753.

110. *P. tuberculatus*, Blainville (*Ricinula*), *in Nouv. An. du Mus.*, pl. IX, fig. 3.

Hab. Kampot (Golfe de Siam).

XLI. G. Ranella, Lamarck, 1812.

111. *R. crumena*, Lamarck, *Hist. Nat. An. s. vert.* (éd. Deshayes), vol. X, p. 545. — Reeve, *Conch. Icon. Mon. Ranella.* pl. IV, fig. 17, *a, b*, 1844.

Hab. Iles du golfe de Siam.

112. *R. tuberculata*, Broderip, *Proc. Zool. Soc. of London*, 1832. — Reeve, *Conch. Icon. Mon. Ranella*, pl. VII, fig. 37, 1844.

Hab. Iles du golfe de Siam.

XLII. G. Cassis, Klein, 1753.

113. *C. decussata*, Lamarck, *Hist. Nat. An. s. vert.* (éd. Deshayes), vol. X, p. 29. — Reeve, *Conch. Icon. Mon. Cassis*, pl. II, fig. 4 *a, b*, 1848.

Hab. Ile Phuquoc (Golfe de Siam).

114. *C. pila*, Reeve, *Conch. Icon. Mon. Cassis*, pl. IX, fig. 21, 1848.

Hab. Ile Phuquoc (Golfe de Siam).

XLIII. G. *Phalium*, Link, 1807.

115. *P. glaucum*, Lamarck (*Cassis*), *Hist. Nat.* (éd. Deshayes), vol. X, p. 24. — Reeve, *Conch. Icon. Mon. Cassis*, pl. XII, fig. 33, 1848.

Hab. Iles du golfe de Siam.

XLIV. G. Dolium (d'Argenville, 1757), Lamarck, 1801.

116. *D. maculatum*, Lamarck, *Hist. Nat.* (éd. Deshayes),

vol. x, p. 140. — Reeve, *Conch. Icon. Mon. Dolium*, pl. III, fig. 4, 1868.

Hab. Iles du golfe de Siam.

XLV. G. Pirula, Lamarck, 1799.

117. *P. ficus*, Linné (*Bulla*), *Syst. Nat.* (12e éd.), p. 1184. — Reeve, *Conch. Icon. Mon. Ficula*, pl. l, fig. 4, 1867.

Hab. Iles du golfe de Siam.

XLVI. G. Cypræa, Linné, 1758.

118. *C. arabica*, Linné, *Syst. Nat.* (12ᵉ éd.), p. 1173. — Reeve, *Conch. Icon. Mon. Cypræa*, pl. l, fig. 2, 1845.

Hab. Iles du golfe de Siam.

119. *C. caurica*, Linné, *Syst. Nat.* (12ᵉ éd.), p. 1179. — Reeve, *Conch. Icon. Mon. Cypræa*, pl. XI, fig. 46, 1845.

Hab. Iles du golfe de Siam.

120. *C. erosa*, Linné, *Syst. Nat.* (12ᵉ éd.), p. 1179. — Reeve, *Conch. Icon. Mon. Cypræa*, pl. XI, fig. 43, 1845.

Hab. Iles du Golfe de Siam.

121. *C. globosa*, Gray, *in* Sowerby, *Conch. illust.*, *Cypræa*, n° 117. — Reeve, *Conch. Icon. Mon. Cypræa*, pl. XXVI, fig. 152, 1846.

Hab. Iles du golfe de Siam.

122. *C. Lamarckii*, Gray, *Zool. Journ.*, vol. l, p, 506. — Reeve, *Conch. Icon. Mon. Cypræa*, pl. X, fig. 37, 1845.

Hab. Iles du golfe de Siam.

123. *C. onyx*, Linné, *Syst. Nat.* (12ᵉ éd.), p. 1177. — Reeve, *Conch. Icon. Mon. Cypræa*, pl. X, fig. 39 *a*, *b*, *c*, 1845.

Hab. Kampot et les iles du golfe de Siam.

124. *C. miliaris*, Gmelin, *Syst. Nat.*, p. 3420. — Reeve, *Conch. Icon. Mon. Cypræa*, pl. X, fig. 36, 1845.

Hab. Bangkok et les îles du golfe de Siam.

125. *C. helvola*, Linné, *Sys. Nat.* (12ᵉ éd.), p. 1180. — Reeve, *Conch. Icon. Mon. Cypræa*, pl. XX, fig. 72, 1845.

Hab. Iles du golfe de Siam.

126. *C. caput-serpentis*, Linné, *Syst. Nat.* (12ᵉ éd.), p. 1175. — Reeve, *Conch. Icon. Mon. Cypræa*, pl. XI, fig. 44, 1845.

Hab. Iles du golfe de Siam.

127. *C. Isabella*, Linné, *Syst. Nat.* (12ᵉ éd.), p. 1177. — Reeve, *Conch. Icon. Mon. Cypræa*, pl. XII, fig. 51, 1845.

Hab. Iles du golfe de Siam.

128. *C. errones*, Linné, Syst. Nat. (10ᵉ éd.), p. 723. — *C. olivacea var.*, Reeve, *Conch. Icon. Mon. Cypræa*, pl. XIII, fig. 56, 1845.

Hab. Iles du golfe de Siam.

129. *C. lynx*, Linné, *Syst. Nat.* (12ᵉ éd.), p. 1177. — Reeve, *Conch. Icon. Mon. Cypræa*, pl. IX, fig. 33, 1845.

Hab. Iles du golfe de Siam.

130. *C. vitellus*, Linné, *Syst. Nat.* (12ᵉ éd.), p. 1176. — Reeve, *Conch. Icon. Mon. Cypræa*, pl. V, fig. 14, 1845.

Hab. Iles du golfe de Siam.

XLVII. G. Aricia, Gray, 1832.

131. *A. moneta*, Linné (*Cypræa*), *Syst. Nat.* (12ᵉ éd.), p. 1178. — Reeve, *Conch. Icon. Mon. Cypræa*, pl. XV, fig. 74, 1845.

Hab. Iles du golfe de Siam.

132. *A. annulus*, Linné (*Cypræa*), *Syst. Nat.* (12ᵉ éd.), p. 1179. — Reeve, *Conch. Icon. Mon. Cypræa*, pl. XV, fig. 71, 1845.

Hab. Iles du golfe de Siam.

XLVIII. G. Pustularia, Swainson, 1840.

133. *P. cicercula*, Linné (*Cypræa*), *Syst. Nat.* (12ᵉ éd.), p. 1181. — Reeve, *Conch. Icon. Mon. Cypræa*, pl. XXI, fig. 116, 1846.

Hab. Iles du golfe de Siam.

134. *P. nucleus*, Linné (*Cypræa*), *Syst. Nat.* (12ᵉ éd.), p. 1181. — Reeve, *Conch. Icon. Mon. Cypræa*, pl. XV, fig. 70, 1845.

Hab. Golfe de Siam.

135. *P. staphylæa*. Linné (*Cypræa*), *Syst. Nat.* (12ᵉ éd.), p. 1181. — Reeve, *Conch. Icon. Mon. Cypræa*, pl. XVI, fig. 82 *a*, *b*, 1845.

Hab. Iles du golfe de Siam.

XLIX. G. Strombus, Linné, 1758.

136. S. *dentatus*, Linné, *Syst. Nat.* (12ᵉ éd.), p. 1213. — Reeve, *Conch. Mon. Strombus*, pl. IX, fig. 17, 1850.

Hab. Kompong Son (Golfe de Siam).

137. S. *floridus*, Lamarck, *Hist. Nat. an. s. vert.* (éd. Deshayes). vol. IX, p. 707. — Reeve, *Conch. Icon. Mon. Strombus*, pl. VII, fig. 11 *a*, *b*, *c*, *d*, 1850.

Hab. Kompong-Son (Golfe de Siam).

138. S. *Isabella*, Lamarck, *Hist. Nat. an. s. vert.* (éd. Deshayes), vol. IX, p. 70. — Reeve, *Conch. Icon. Mon. Strombus*, pl. XVIII, fig. 51, 1851.

Hab. Iles du golfe de Siam.

139. S. *lentiginosus*, Linné, *Syst. Nat.* (12ᵉ éd.). — Reeve, *Conch. Icon. Mon. Strombus*, pl. XII, fig. 31, 1851.

Hab. Iles du golfe de Siam.

140. S. *Luhuanus*, Linné, *Syst. Nat.* (12ᵉ éd.), p. 1209.

— Reeve, *Conch. Icon. Mon. Strombus*, pl. IX, fig. 19, 1851.

Hab. Kompong-Son et île Phuquoc.

141. *S. Sibbaldi var.*, Sowerby, *Thes. Conch.*, p. 28, pl. VI, fig. 10, 11.

Hab. Kompong-Son (Golfe de Siam).

142. — *S. urceus*, Linné, *Syst. Nat.* (12ᵉ éd.), p. 1212. — Reeve, Conch. Icon. Mon. Strombus, pl. XI, fig. 24 *a*, *b*, *c*, 1850.

Hab. Ile Phuquoc et Kompong-Song (Golfe de Siam).

143. *S. variabilis*, Swainson, *in* Sowerby, *Thes. Conch.*, vol. I, p. 27, pl. VI, fig. 9, 13, 14.

Hab. Côte de Kampot à Bangkok (Golfe de Siam).

144. *S. vittatus*, Linné, *var. elongata*, *Syst. Nat.* (12ᵉ éd.), p. 1211. — Sowerby, *Thes. Conch.*, vol. I, p. 26, pl. VI, fig. 27-31.

Hab. Iles du golfe de Siam.

L. G. PTEROCERA, Lamarck, 1799.

145. *P. lambis*, Linné, *Syst. Nat.* (12ᵉ éd.), p. 1208. — Reeve, *Conch. Icon. Mon. Pterocera*, pl. V, fig. 8, 1851.

Hab. Iles du golfe de Siam.

LI. G. CERITHIUM, Adanson, 1757.

146. *C. Bornii*, Sowerby, *Thes. Conch.*, vol. II, p. 869, pl. CLXXXII, fig. 175.

Hab. Kampot (Golfe de Siam).

147. *C. corallinum*, Sowerby, *Thes. Conch.*, vol. II, p. 863, pl. CLXXIX, fig. 63.

Hab. Côte de Kampot à Chantabun (Golfe de Siam).

148. *C. morus*, Lamarck, *Hist. Nat. an. s. vert.* (éd. Deshayes), vol. IX, p, 302. — Sowerby, *Thes. Conch*, vol. II, p. 870, p. CLXXXII, fig. 159, 160, 161.

Hab. Côte de Kampot à Bangkok (Golfe de Siam).

149. *C. nodulosum*, Bruguière, Encycl. méth., CCCCXLII, fig. 3. — Reeve, *Conch. Icon. Mon. Cerithium.*, pl. I, fig. 3, 1865.

Hab. Golfe de Siam.

LII. G. Vertagus, Klein, 1753.

150. *V. obeliscus var.*, Bruguière, *Cerithium, Encycl. méth.*, pl. CCCCXLIII, fig. 4 *a*, *b*. — Reeve. *Conch. Icon. Mon. Cerithium*, pl. II, fig. 7 *a*, *b*.

Hab. Kampot (Golfe de Siam).

151. *V. aluco*, Linné (*Murex*), *Syst. Nat.* (12e éd.), p. 1225. — Sowerby, *Thes. Conch.*, vol. II, p. 850, pl. CLXXVII, fig. 34, 35.

Hab. Golfe de Siam.

LIII. G. Tympanotomus, Klein, 1753.

152. *T. fluviatilis*, Potiez et Michaud (*Cerithium*), *Cat. Moll. Douai*, vol. I, p. 363, pl. XXXI, fig. 19, 20, 1838.

Hab. Bords de la mer à Kampot, Pnom-Penh (Cambodge), de Kampot à Bangkok.

153. *T. eurypterus*, A. Adams. — Reeve, *Conch. Icon. Mon. Tympanotomus*, pl. II, fig. 8 *a*, *b*, 1866.

Hab. Bords de la mer à Kampot.

LIV. G. Cerithidea, Swainson, 1840.

154. *C. obtusa*, Lamarck, *Hist. Nat. an. s. vert.* (éd. Deshayes), vol. IX, p. 294. — Wood, Suppl. 4, pl. IV, fig. 8.

Hab. De Kampot à Bangkok.

155. *C. quadrata*, Sowerby. Tryon. *Man. Conch.*, vol IX, p. 161, pl. XXXIII, fig. 63.

Hab. Bords de la mer, à Kampot.

LV. G. Aphanistylus, Fischer, 1881.

156. *A. Charbonnieri*, Petit (*Cerithium*), *in Journ.
Conchyl.*, vol. ii, p. 264, pl. VII, fig. 7, 1851.
Hab. Bords de la mer, à Kampot.

LVI. G. Planaxis, Lamarck, 1822.

157. *P. sulcatus*, Born (*Buccinum*), *Mus. Vindob.*,
p. 258, pl. X, fig. 5, 6.
Hab. Tout le golfe de Siam.

LVII. G. Turritella, Lamarck. 1799.

158. *T. terebra*, Lamarck, *Hist. Nat. an. s. vert.* (éd.
Deshayes), vol. ix, p. 258. — Reeve, *Conch. Icon. Mon.
Turritella*, pl. I, fig. 3, 1849.
Hab. Hatien (Golfe de Siam).

LVIII. G. Melania, Lamarck, 1799.

159. *M. Dautzenbergiana*, L.Morlet, *in Journ. Conch.*
vol. xxxii, p. 399, pl. XIII, fig. 1 *a, b, c*, 1884.
Hab. Stung Mongkol-Borey, ruisseau se jetant dans le
Prec-Thenot, sur la rive droite, dans les environs de Com-
pong-Toul (Cambodge) et dans la rivière de Battambang
(Siam).

160. *M. Jullieni*, Deshayes, *in Nouv. Arch. Mus.*, vol. x,
p. 143, pl. VII, fig. 7, 8, 9.
Hab. Grand fleuve (Cambodge).

161. *M. Lemyrei*, L. Morlet, *in Journ. Conch.*, vol. xxxii,
p. 398, pl. XII, fig. 6, 6^a; var. fig. 6^b, 1884.
Hab. Cambodge.

162. *M. Paviei*, L. Morlet, *in Journ. Conch.*, vol. xxxii,
p. 397, pl. XII, fig. 5, 5^a, 1884.
Hab. Marais de Kal-Sutine et la rivière de Mongkol

Borey (Cambodge) : une variété plus grêle se trouve dans
le Mekong (Cambodge).

163. *M. Peguensis*, Anthony, *Amer. Journ. Conch.*,
vol. 1, pl. XXII, fig. 3.

Hab. Ruisseau de Phom-Ksach, Tap-Chéany (Cambodge).

164. *M. denticulata*, Lea, *Proc. Zool. Soc. of. London*,
1850. — Chemnitz, *Conch. Cab.* éd. 2,   *Mon. Melania*,
p. 266, pl. XXVII, fig. 14, 14^{a-c}, 15, 15^{a}.

Hab. Stung-Dontri à Kassan-Pno, dans une des sources
de la rivière Mongkol-Borey, le Stung-Tepedus (Cambodge).

165. *M. Schomburgki*, Hanley, *in Reeve, Conch. Icon.
Mon. Melania*, pl. XIV, fig. 93, 1859.

Hab. Pnom-Penh et ses environs, rivière de Mongkol-
Borey, ruisseau se jetant dans le Prec-Thenot, sur la rive
droite, dans les environs de Kompong-Toul, Kampot (Cambodge).

166. *M. spinulosa*, Lamarck, *Hist. Nat. an. s. vert.*
(éd. Deshayes), vol. VIII, p. 166. — *Voy. Astrolabe, Zool.*,
vol. III, p. 145, pl. LVI, fig. 12-14, 1832.

Hab. Dans le Streng-Dontri, à Kassan-Pno (Cambodge).

167. *M. tuberculata*, Müller., Verm, p. 191, 1774. —
Chemnitz, vol. IX, pl. CXXXVI, fig, 1261, 1262, 1786.

Hab. Dans le Streng-Dontri à Kassan-Pno (Cambodge),
Kompong-Kal, rivière de Battambang (Siam).

168. *M. virgulata*, Férussac, *var.*, *in* Quoy et Gaimard,
Voy. Astrol. Zool., vol. III, p. 141, pl. LVI, fig. 1-4,
1832.

Hab. Dans le Streng-Dontri à Kassan-Pno (Cambodge),
rivière de Battambang (Siam).

LIX. G. SEMISINUS, Swainson, *em.* 1840 *(Hemi-sinus)*.

169, *S. Cambodgensis*, Reeve (*Melania*), *Conch. Icon. Mon. Melania*, pl. LIX, fig. 468, 1861.

Hab. Grand lac (Cambodge), forêt et bords du Ragoug (Siam).

LX. G. PALUDOMUS, Swainson, 1840.

170. *P. conicus*, Gray, *in Griffith, An. Kingd. Moll.*, pl. XIV, fig. 5. — Hanley et Theobald, *Conch. Ind.*, p. 50, pl. CXXIV, fig. 4.

Hab. Prec-Thenot à Kompong-Toul (Cambodge).

LXI. G. LITTORINA, Férussac, 1821.

171. *L. carinifera*, Menke, *Synopsis* (2ᵉ éd.), p. 51. — Reeve, *Conch. Icon. Mon. Littorina*, pl. VI, fig. 29 *a*, *b*, 1857.

Hab. Côte de Kampot et marais de la côte du golfe de Siam.

172. *L. filosa*, Sowerby, *Genera of Shells. Littorina*, fig. 5. — Reeve, *Conch. Icon. Mon. Littorina*, pl. V. fig. 21 *a*, *b*, *c*, 1857.

Hab. Kampot, marais de la côte du golfe de Siam.

173. *L. melanostoma*, Gray, *Zool. of. Beechey's Voy.*, p. 140. — Reeve, *Conch. Icon. Mon. Littorina*, pl. IX, fig. 45 *a*, *b*, 1857.

Hab. Côte de Kampot à Chantabun (Golfe de Siam).

174. *L. Philippiana*, Reeve, *Conch. Icon. Mon. Litto-rina*, pl. 5, fig. 22 *a*, *b*, 1857.

Hab. Kampot (Golfe de Siam).

175. *L. Sieboldii*, Philippi, *Proc. Zool. Soc. of. Lon-don*, p. 142, 1845. — Reeve, *Conch. Icon. Mon. Litto-rina*, pl. V, fig. 23 *a*, *b*, 1857.

Hab. Côte de Kampot à Chantabun (Golfe de Siam).

176. *L. undulata*, Gray, *Zool. Beechey's Voy*., p. 146. — Reeve, *Conch. Icon. Mon. Littorina*, pl. XIII, fig. 67 *a*, *b*, *c*, *d*, 1857.

Hab. Colfe de Siam.

177. *L. scabra?* (*an junior?*) Linné, *Syst. Nat.* (12ᵉ éd., p. 1243. — Reeve, *Conch. Icon. Mon. Littorina*, pl. V, fig. 31 *a*, *b*, 1857.

Hab. Côte de Kampot à Chantabun (Golfe de Siam).

LXII. G. Solarium, Lamarck, 1799.

178. *S. perdix*, Hinds, *Proc. Zool. Soc. of. London*, p. 22, 1844. — *Voy. Sulphur*, p. 49, pl. XIV, fig. 3, 4.

Hab. Côte de Kampot à Bangkok (Golfe de Siam).

179. *S. purpuratum*, Hinds, *Proc. Zool. Soc. of London*, p. 23, 1844. — *Voy. Sulphur*, p. 49, pl. XIV, fig. 1, 2.

Hab. Côte de Kampot à Bangkok (Golfe de Siam).

LXIII. G. Lacunopsis, Deshayes, 1874.

180. *L. ventricosa*, Poirier, *in Journ. Conch.*, vol. XXIX, p. 8, pl. I, fig. 1, 1881.

Hab. Cambodge.

LXIV. Jullienia, Crosse et Fischer, 1876.

181. *J. Harmandi*, Poirier, *in Journ. Conchyl.*, vol. XXIX, p. 10, pl. I, fig. 4, 1881.

Hab. Rapides de Sambor-Mékong (Cambodge).

182. *J. costata*, Poirier, *in Journ. Conchyl.*, vol. XXIX, p. 10, pl. I, fig. 5, 1881.

Hab. Rapides de Sambor, Mékong (Cambodge).

LXV. G. Pachydrobia, Crosse et Fischer, 1876.

183. *P. paradoxa*, Crosse et Fischer, *Journ. Conchyl.*, vol. XXIV, p. 321, pl. X, fig. 3, 1976.

Hab. Près des rapides de Sambor, Mékong (Cambodge).

184. *P. spinosa*, Poirier, *in Journ. Conchyl.*, vol. XXIX, p. 14, pl. XI, fig. 1, 1881.

Hab. Ile de Khong (Cambodge).

185. *P. parva*, Lea (*Pachycheilus*), *Proc. Acad. Nat. sc. Phil.*, p. 145, 1856. — *Obs. on the Genus Unio*, vol. XI, p. 76, pl. XXII, fig. 14.

Hab. Cambodge.

LXVI. G. Bithinia, Gray, 1821.

186. *B. goniomphalus*, Morelet, *in Rev. Zool.*, p. 167, 1866. — *Sér. Conch.*, fasc. 4, p. 341, pl. XIII, fig. 4, 1875.

Hab. Grand Lac, Mékong (Cambodge); Pekim, Ajuthia (Siam).

187. *B. lævis*, Morelet, *in Sér. Conch.*, fasc. 4, p. 313, pl. XIII, fig. 2, 1875.

Hab. Compong-Son, Tap-Chéang et Pnom-Penh (Cambodge).

LXVII. G. Paludina, Lamarck, 1852.

188. *P. æruginosa*, Reeve, *Conch. Icon. Mon. Paludina*, pl. VII, fig. 44 *a*, *b*, *c*, 1863.

Hab. Marais de Kampot (Cambodge).

189. *P. Bengalensis*, Lamarck, *Hist. Nat. an. s. vert.* (éd. Deshayes), vol. VIII, p. 174, 1822. — Reeve, *Conch. Icon. Mon. Paludina*, pl. II, fig. 5 *a*, *b*, 1863.

Hab. Srakéo (Siam).

190. *P. Chalanguensis*, Deshayes, *in Nouv. Arch. Mus.*, vol. x, p. 139, pl. VI, fig. 13, 14.

Hab. Prairies de Kampong-Son, bords du Grand Lac, marais de la côte du golfe de Siam (Cambodge) ; Ajuthia et rivière de Strang (Siam).

191. *P. ciliata*, Reeve, *Conch. Icon. Mon. Paludina,* pl. VI, fig. 36 *a, b,* 1863.

Hab. Mares et petits ruisseaux près de Dei-Crochon (Cambodge) ; Ajuthia et rivière de Strang (Siam).

192. *P. Eyriesi*, Morelet, *in Journ. Conchyl.*, vol. XIII, p. 227, 1865. — *P. Fischeriana*, Mabille et Le Mesle, *in Journ. Conchyl.*, vol. XIV, p. 136, pl. VII, fig. 3, 1866. — *P. Eyriesi*, Morelet, *in Sér. Conch.*, fasc. 4, p. 302, 1875.

Hab. Etangs voisins du village malais de Chéran-Chomées, près Pnom-Penh, Oudon (Cambodge).

193. *P. Javanica*, Von dem Busch, *in* Phil. *Icon. Pal.*, p. 2, pl. I, fig. 11, 12, 1844.

Hab. Srakéo (Siam).

194. *P. Moreleti*, Deshayes, *in Nouv. Arch. Mus.*, vol. x, p. 137, pl. VII, fig. 28, 29, 1874-1876.

Hab. Marais de Kampot, Kompong-Toul, les rives du grand fleuve, un peu avant d'arriver au premier rapide (Cambodge).

195. *P. Paviei*, L. Morlet, *nov. sp.*

Hab. Marais de Kampot (Cambodge).

196. *P. quadrata*, Benson, *in Ann. and Mag. Nat. Hist.*, 1842. — Philippi, *Abbild.*, vol. II, p. 135, pl. II.

Hab. Bords du grand lac, Kompong-Rath et sur les bords du Prec-Péhan (Cambodge).

197. *P. Rattei*, Crosse et Fischer, *Journ. Conchyl.*, vol. XXIV, p. 317, 1876. — *P. Frauenfeldi*, Deshayes, *in Nouv. Arch. Mus.*, vol. x, p. 134, pl. VII, fig. 23, 24,

1874-1876. — Morelet, *in Journ. Conchyl.*, vol. XVII, p. 192, 1869.

Hab. Pnom-Penh, les étangs, les petits arroyos, dans le fleuve, marais de Pum Po-Bong (Cambodge).

198. *P. Sabinæ*, L. Morlet, *nov. sp.*

Hab. Rivière de Srakéo, à Srakéo (Cambodge).

199. *P. speciosa*, Deshayes, *in Nouv. Arch. Mus.*, vol. X, p. 142., pl. VI, fig. 17, 18, 1874-1876.

Hab. Mékong, Kampot (Cambodge) ; Proc-Thénot (Siam).

200. *P. Thomsoni*, L. Morlet, *in Journ. Conchyl.*, vol. XXXII, p. 395, pl. XII, fig. 4, 1884.

Hab. Marais du golfe de Siam.

201. *P. Tiranti*, L. Morlet, *in Journ. Concyl.*, vol. XXXII, p. 394, pl. XII, fig. 3, 3ª, 1884.

Hab. Kampot, les marais, les rizières et les arroyos qui communiquent avec la rivière, sur la rive gauche, à Lré Ombelle (Cambodge).

202. *P. trochoides*, Martens, *in Proc. Zool. Soc. of London*, p. 12, 1860. — *P. umbilicata*, Reeve, *Conch. Icon. Mon. Paludina*, pl. VII, fig. 46 *a*, *b*, 1863.

Hab. Entre Pnom-Penh et Compong-Till (Cambodge) ; dans le Stung-Putrang et sur ses rives (Siam).

203. *P. Danieli*, L. Morlet, *nov. sp.*

Hab. Proc Thenot (Siam).

LXVIII. G. Ampullaria, Lamarck, 1799.

204. *A. malabarica*, Philippi, *Conch. Cab.* (2ᵉ éd.), *Ampullaria*, p. 29, pl. VII, fig. 8.

Hab. Mékong (Cambodge).

205. *A. Begini*, L. Morlet, *nov. sp.*

Hab. Mékong (Cambodge).

206. *A. Pesmei*, L. Morlet, *nov. sp.*

Hab. Rivière de Srakéo, à Srakéo (Siam).

207. *A. turbinis*, Lea, *Proc. Acad. Nat. Sc. Philad.*, p. 110, 1856. — *Obs. on the Genus Unio*, vol. XI, p. 70, pl. XXII, fig. 2.

Hab. Pnom-Penh (Cambodge).

208. *A. polita*, Deshayes, *Encycl. méth. Vers*, vol. XI, p. 31, n° 8. — *Chemnitz* (2ᵉ éd.), *Mon. Ampullaria*, sect. 1, p. 29, pl. VIII, fig. 3, 1851.

Hab. Pnom-Penh (Cambodge).

209. *A. Borneensis*, Philippi, *Chemnitz* (2ᵉ éd.), *Amp.*, sect. 1, p. 34, pl. VIII, fig. 3, 1851. — Morelet, *Séries Conch.*, fasc. 4, p. 290, 1875.

Hab. Pnom-Penh (Cambodge).

LXIX. G. PUPINA, Vignard, 1829.

210. *P. Crosseana*, L. Morlet, *in Journ. Conchyl.*, vol. XXXI, p. 108, pl. IV, fig. 5, 1883.

Hab. Pnom-Rohan (Cambodge) ; Ajuthia (Siam).

211. *P. Mouhoti*, Pfeiffer, *in Proc. Zool. Soc. of London*, p. 195, 1861. — Reeve, *Conch. Icon. Mon. Pupinidæ*, pl. II, fig. 13.

Hab. Montson Kreang, Battambang. forêt de Srakéo (Siam).

212. *P. Paviei*, L. Morlet, *in Journ. Conchyl.*, vol. XXXI, p. 107, pl. IV, fig. 4 *a, b*, 1863.

Hab. Montagne de la chaîne de l'Eléphant et les forêts non inondées qui la bordent, particulièrement près des rapides de Kam-Chay et aux environs de Kampot. Vit sous les pierres et sous les feuilles.

LXX. G. LEPTOPOMA, Pfeiffer, 1847.

213. *L. Mouhoti*, Pfeiffer, *ms.* — Reeve, *Conch. Icon. Mon. Leptopoma*, pl. VI, fig. 25, 1862.

Hab. Montagnes de la chaîne de l'Eléphant (Cambodge).

214. *L. vitreum*, Lesson, *Voy.Coquille*, p. 346, pl. XIII, ug. 6.

Hab. Montagnes de la chaîne de l'Eléphant (Cambodge); Pnom San Kréam et entre Kompong-Som et Battambang (Siam).

LXXI. G. LAGOCHILUS, Blanford, 1864.

215. *L. scissimargo*, Benson, *Ann. a. Mag. of Nat. Hist.*, sér. 2, vol. XVII, p. 228, Juin 1864. — Reeve, *Conch. Icon. Mon. Cyclophorus*, fig. 105. — Hanley et Th., *Conch. Ind.*, p. 3. pl. VI, fig. 7.

Hab. Mékong (Cambodge).

LXXII. G. CYCLOPHORUS, Montfort, 1810.

216. *C. Cambodgensis*, L. Morlet, *in Journ. Conchyl.*, vol. XXXII, p. 388, pl. XI, fig 3, 3ᵃ, 1884.

Hab. Montagne de Dey-Crahom (Terre rouge), sur la rive droite du grand fleuve (Cambodge).

217. *C. Cantori*, Benson (*Cyclostoma*), *Ann. and Mag. Nat. Hist.*, vol. VIII, p. 186, 1851. — Reeve, *Conch. Icon. Mon. Cyclophorus*, pl. XIII, fig. 54 *a*, *b*, 1861.

Hab. Montagnes du Kham-Chay (Cambodge).

218. *C. Klobukowskii*, L. Morlet, *in Journ. Conchy*. vol. XXXII, p. 391, pl. XII, fig. 4, 1884.

Hab. Près des rapides de Kam-Chay (Cambodge).

219. *C. Landesi*, L. Morlet, *in Journ. Conchyl.*, vol. XXXII, p. 392, pl. XI, fig. 5ᵃ, 5ᵇ, 1884.

Hab. Extrémité de la chaîne de l'Eléphant, non loin de la mer (Cambodge).

220. *C. lituus*, Martyn. Martens, *Preuss., Exp. nach Ost-Asien*, p. 64, pl. III, fig. 7, 1867.

Hab. Montagne de la chaîne de l'Eléphant (Cambodge).

221. *C. Malayanus*, Benson, *Ann. a. Mag. Nat. Hist.*, p. 269, 1852. — Stoliczka, *in Journ. As. Soc.*, vol. XLI, p. 262, pl. X, fig. 1-5, 1872.

Hab. Montagne de la chaîne de l'Eléphant (Cambodge).

222. *C. Pavici*, L. Morlet, *in Journ. Conchyl.*, vol. XXXII, p. 389, pl. XI, fig. 4, 4ª, 1884.

Hab. Montagne de Dey-Crahom (Terre rouge), sur la rive droite du grand fleuve (Cambodge).

223. *C. punctatus*, Grateloup (*Cyclostoma*), *Act. Soc. Linn. Bordeaux*, vol. XI, p. 440, pl. III, fig. 10, 1840.

Hab. Montagnes du Kham-Chay (Cambodge).

224. *C. Siamensis*, Sowerby, *Thes. Conch.*, vol. 1, p. 158, pl. XXXI A, fig. 292, 293, 1876.

Hab. Chaîne de la montagne de l'Eléphant (Cambodge).

Obs. Cette espèce est très remarquable par son ornementation.

225. *C. Saturnus*, Pfeiffer, *var.*, *in Proc. Zool. Soc. of London*, p. 116, pl. XII, fig. 6, 1862.

Hab. Montagnes de la chaîne de l'Eléphant (Cambodge).

226. *C. speciosus*, Philippi, *Zeitschr. für Malak.*, p. 123, 1847. — Hanley et Théobald, *Conch. Ind.*, pl. CIV, fig. 4.

Hab. Montagne du Kam-Chay (Cambodge).

227. *C. Jourdyi*, L. Morlet, *in Journ. Conchyl.*, vol. XXXIV, p. 260, 281, pl. XIV, fig, 1, 1 *a*, 1 *b*, 1 *c*. 1886.

Hab. Montagnes de Kam-Chay (Cambodge).

LXXIII. G. PTEROCYCLUS, Benson (*emend.*), 1832.

228. *P. Cambodgensis*, Morelet, *Sér. Conch.*, fasc. 4, p. 286, pl. XIII, fig. 1, 1875.

Hab. Sur le mont Sysophon, dans les forêts qui venaient d'être incendiées (Siam) ; Mékong (Cambodge).

229. *P. Fischerianus*, L. Morlet, *in Journ. Conchyl.*, vol. XXXII, p. 393, pl. XII, fig. 2, 2*, 2*, 1884.

Hab. Pnom-Kébal-Khmoch (Cambodge) ; entre Chantabun et Srakéo (Siam).

230. *P. Perrieri*, L. Morlet, *nov. sp.*

Hab. Entre Chantabun et Srakéo (Siam).

LXXIV. G. OPISTHOPORUS, Benson, 1851.

231. *O. pulchellus*, L. Morlet, *nov. sp.*

Hab. Mont Sysophon, trouvé après l'incendie des bois (Siam).

LXXV. G. RHIOSTOMA, Benson, 1860.

232. *R. Bernardii*, Pfeiffer, *in Journ Conchyl.*, vol. X, p. 45, pl. VI, fig. 5, 1862.

Hab. Montagnes de la chaîne de l'Eléphant. Montagne de Kam-Chay (Cambodge). Entre Bangkok et Chantabun (Siam).

233. *R. Hainesi*, Pfeiffer, *in Proc. Zool. Soc. of London*, p. 115, pl. XII, fig. 8, 1862.

Hab. Entre Chantabun et Srakéo (Siam).

234. *R. Housei*, Haines (*Cyclostoma*), *Ann. Lyc. N. York,*, vol. VI, p. 157, pl. V, fig. 12-15, 1855.

Hab. Grottes de Baphnam, Pnom-Rohan (Cambodge).

LXXVI. G. CRUCIBULUM, Schumacher, 1817.

235. *C. extinctorium*, Lamarck (*Calyptræa*), *Hist. Nat. an. s. vert.*, vol. VII, p. 622. — Reeve, *Conch. Icon. Mon. Crucibulum*, pl. V, fig. 14.

Hab. Iles du golfe de Siam.

LXXVII. G. NATICA, Adanson, 1757.

236. *N. chinensis*, Lamarck, *Hist. Nat. an. s. vert.*

(éd. Deshayes), vol. VIII, p. 644. — Reeve, *Conch. Icon. Mon. Natica*, pl. XIX, fig. 82 *a*, *b*, 1855.

Hab. Côte de Hatien à Bangkok.

237. *N. lineata*, Lamarck, *Hist. Nat. an. s. vert*. (éd. Deshayes), vol. VIII, p. 640. — Reeve, *Conch. Icon. Mon. Natica*, pl. VII, fig. 24 *a*, *b*, 1855.

Hab. Côte de Hatien à Bangkok.

238. *N. maculosa*, Lamarck, *Hist. Nat. an. s. vert*. (éd. Deshayes), vol. VIII, p. 641.

Hab. Côte de Bangkok à Kampot.

239. *N. piriformis*, Récluz, *Proc. Zool. Soc. of London*, p. 211, 1843. — Reeve, *Conch. Icon. Mon. Natica*, pl. V, fig. 16, 1855.

Hab. Côte de Hatien à Bangkok.

LXXVIII. G. POLINICES, Montfort, 1810.

240. *P. mamilla*, Lamarck (*Natica*), *Hist. Nat. an. s. vert*. (éd. Deshayes), vol. VIII, p. 630. — Reeve, *Conch. Icon. Mon. Natica*, pl. VII, fig. 27 *a*, *b*, 1855.

Hab. Iles du golfe de Siam et la côte entre Hatien et Bangkok.

LXXIX. G. SIGARETUS, Lamarck, 1799.

241. *S. Japonicus*, Lischke, *Malak. Blätt*., vol. XIX, p. 104. 1872. — *Japan. Meeres-Conch*., vol. III, p. 155, pl. III, fig. 15, 16, 17, 1874.

Hab. Golfe de Siam.

LXXX. G. EUNATICINA, Fischer, 1885.

242. *E. tumescens*, Reeve (*Sigaretus*), *Conch. Icon. Mon. Sigaretus*, pl. IV, fig. 18, 1865.

Hab. Golfe de Siam.

243. *E. Lamarckiana*, Récluz (*Sigaretus*), *Delessert*,

fig. 14, 20, 21, 22. — Sowerby, *Thes. Conch.*, vol. v,
p. 41.

Hab. Golfe de Siam.

LXXXI. G. JANTHINA, Lamarck, 1799.

244. *J. globosa*, Swainson, *Zool.* III, Ser. 1, vol. II,
pl. LXXXV, 1822.— Reeve, *Conch. Icon.*, *Mon. Janthina*,
pl. IV, fig. 18 *a, b*, 1844.
Hab. Iles du golfe de Siam.

LXXXII. G. SCALARIA, Lamarck, 1801.

245. *S. lineolata*, Sowerby, *var.*, *Thes. Conch. Mon.
Scalaria*, p. 91, pl. XXXIII, fig. 45,46,48.
Hab. Iles du golfe de Siam.

LXXXIII. G. EUTROCHATELLA, Fischer, 1885.

246. *E. Mouhoti*, Pfeiffer (*Helicina*), *Proc. Zool. Soc.
of London*, p. 136, 1860. — *Novit. Conch.* (*Trochatella*),
vol. II, p. 254, pl. XLIV, fig. 9-11, 1860-1862.
Hab. Entre Srakéo et Ong-Son (Siam).

LXXXIV. G. HYDROCENA, Parreyss, *in* Pfeiffer, 1847.

247. *H. fulvida*, Pfeiffer (*Omphalotropis*), *in Journ.
Conchyl.*, vol. x, p. 44, pl. VI, fig. 4, 1862.
Hab. Mont Kaison entre Rayong et Phenat (Siam).

LXXXV. G. NERITA, Adanson, 1757.

248. *N. albicilla*, Linné, *Syst. Nat.* (10ᵉ éd.), p. 778. —
Reeve, *Conch. Icon. Mon. Nerita*, pl. XV, fig. 6 *a-d*,
1855.
Hab. Ile Phuquoc et côte de Kampot à Chantabun (Golfe
de Siam).

249. *N. lineata*, Chemnitz, *Conch. Cab.*, vol. v, p. 297, pl. CXCI, fig. 1958, 1959.

Hab. Côte de Kampot à Bangkok.

250. *N. chrysostoma*, Récluz, Lamarck, *Hist. Nat. an. s. vert.* (éd. Deshayes), vol. vii, p. 603. — Reeve, *Conch. Icon. Mon. Nerit*, pl. VII, fig. 30 *a, b*, 1855.

Hab. lle Phuquoc (Golfe de Siam).

251. *L. chamæleon*, Linné, Sowerby, *Thes.*, vol. v, p. 111, pl. II, fig. 22, et pl. V, fig. 94, 99.

Hab. Côte de Kampot à Chantabun (Golfe de Siam).

LXXXVI. G. NERITINA, Lamarck, 1809.

252. *N. violacea*, Gmelin, *Syst. Nat.*, vol. xiii, p.3686, 1790. — *N. crepidularia*, Lamarck, *Hist. Nat. an. s. vert.* (éd. Deshayes), vol. vii, p. 188, 1822. — *N. violacea*, Sowerby, *Thes. Conch.*, vol. ii, p. 509, pl. CXIII, fig. 139-144 (*pro parte*).

Hab. Kompong-Kol, rivière de Battambang, rivière de Sutrang, de Bangkok à Chantabun (Siam) ; Kampot (Cambodge).

253. *N. cornucopiæ*, Benson, *in Journ. Asiat. Soc.*, vol. v, p. 748, 1836.— W.T. Blanford, *ibidem*,vol. xxxvi, p. 10, pl. XII, fig. 23-25. — Sowerby, *Thes. Conch. Neritina*, pl. CXIII, fig. 142, 144.

Hab. Entre Kampot et Bangkok (Siam).

254. *N. Oualanensis*, Lesson, *Voy. Coquille, Zool.*, vol. ii, p. 379, 1830. — Reeve, *Conch. Icon. Mon. Neritina*, pl. XXXVI, fig. 168, 1850.

Hab. Entre Kampot et Bangkok (Siam).

255. *N. avellana*, Récluz (*Nerita*), *Rev. Zool.*, p. 76, 1842.—Martens, *Preuss. Exp. Ost-Asien*,p. 174, pl. XVIII, fig. 5-9, 11-12.

Hab. Entre Kampot et Bangkok.

LXXXVII. G. Turbo, Linné, 1758.

256. *T. petholatus*, Linné, *Syst. Nat.*, (12ᵉ éd.), p. 1233.
— Reeve, *Conch. Icon. Mon. Turbo*, pl. III, fig. 12, 1848.
Hab. Côte de Hatien à Kampot (Golfe de Siam).

257. *T. intercostalis*, Menke, *in Conch. Cab.* (2ᵉ éd.),
p. 42 et 68, pl. XI, fig. 3, pl. XVI, fig. 4, 5. — Kiéner et
Fischer, *Mon. Turbo*, p. 83, pl. XXXIX, fig. 1.
Hab. Côte de Hatien à Kampot (Golfe de Siam).

258. *T. elegans*, Philippi, *Conch. Cab.* (2ᵉ éd.). p. 64,
pl. XV, fig. 5.
Hab. Golfe de Siam.

LXXXVIII. G. Trochus, Rondelet, 1554.

259. *T. maculatus*, Linné, *Syst. Nat.*, éd. Gmelin,
p. 3566, n° 2.— Kiéner et Fischer, *Mon. Trochus*, p. 101,
pl. XXIX, fig. 1 *a, b*.
Hab. Golfe de Siam.

260. *T. scaber*, Linné, *Syst. Nat.* (12ᵉ éd.), p. 1229, n°
588. — Chemnitz, *Conch. Cab.*, vol. v, p. 107, pl. CLXXI,
fig. 1667.
Hab. Iles du golfe de Siam.

261. *T. nicobaricus*, Gmelin, *Syst. Nat.*, (éd. Gm.),
3596, n° 33. — Chemnitz, *Conch. Cab.*, vol. v, p. 216, pl.
CLXXXII, fig. 1822-1825.
Hab. Iles du golfe de Siam.

262. *T. radiatus*, Gmelin, *Syst. Nat.* éd. Gmelin, p. 3573,
n° 33. — Chemnitz, *Conch. Cab.*, vol. v, p. 96, pl. CLXX,
fig. 1640-1642.
Hab. Côte de Hatien à Kampot (Golfe de Siam).

263. *T. verrucosus*, Gmelin, *Syst. Nat.* (éd. Gmelin),
p. 3572. — Kiéner et Fischer, *Species gén. et icon. Coq.*

viv., p. 350, pl. CIX, fig. 4, pl. CXIX, fig. 4, 1879.
Hab...... ?

LXXXIX. G. MONODONTA, Lamarck, 1799.

264. *M. labio*, Linné, *Syst. Nat.* (10ᵉ éd.), p. 959. — Chemnitz, *Conch. Cab.*, *ed. nova* (*Trochus*), pl. XXVII, fig. 1-3, pl. XLIV, fig. 8.
Hab. Côte de Hatien à Kompong-Son.

265. *M. parva*, Troschel, *ms.*, *in Mus. Berolin.* — Philippi, *in* Chemnitz (2ᵉ éd.), *Conch. Cab.*, *Mon. Trochus*, p. 175, n° 210, pl. XXVII, fig. 15.
Hab. Côte de Kampot à Chantabun (Golfe de Siam).

XC. G. UMBONIUM, Link, 1807.

266. *U. elegans*, Beck (*Rotella*), Kiéner *Species Icon. Coq. viv.*, pl. II, fig. 5. — Reeve, *Conch. Icon.*, *Mon. Rotella*, pl. II, fig. 6 *a, b, c, d*.
Hab. Toute la côte et les îles du golfe de Siam.

XCI. G. DELPHINULA, Lamarck, 1803.

267. *D. laciniata*, Lamarck, *Hist. Nat. An. s. vert.* (éd. Deshayes), vol. VII, p. 130.—Reeve, *Conch. Icon. Mon. Delphinula*, pl. II, fig. 9 *a, b*, 1843.
Hab. Côte de Hatien à Kampot (Golfe de Siam).

XCII. G. FISSURELLA, Bruguière. 1789.

268. *F. venusta*, Reeve, *Conch. Icon. Mon. Fissurella*, pl. XIII, fig. 90, 1850.
Hab. Iles du golfe de Siam.

XCIII. G. PATELLA (Lister 1688), Linné, 1757.

269. *P. sanguinans?* Reeve, *Conch. Icon. Mon. Patella*, pl. VI, fig. 10 *a, b*, 1854.
Hab. Bords du golfe de Siam.

PÉLÉCYPODES

I. G. ANOMIA (Linné, 1767), O. F. Müller, 1776.

1. *A. œnigmatica*, Chemnitz (*Tellina*), *Conch. Cab.*, vol. XI, p. 281, pl. CXCIX, fig. 1949, 1950.
Hab. Palmiers d'eau à Kanipot (Golfe de Siam).

II. G. PLACUNA, Bruguière, 1772.

2. *P. placenta*, Linné (*Anomia*), *Syst. Nat.* — Reeve, *Conch. Icon. Mon. Placuna*, pl. III, fig. 3 *a*, *b*, *c*, pl. IV, fig. *d*, 1871.
Hab. Les grèves du golfe de Siam.

III. G. PLACUNEMA, Stoliczka, 1870.

3. *P. sella*, Gmelin. — Reeve, *Conch. Icon. Mon. Placuna*, pl. I, fig. 1, 1871.
Hab. Les grèves du golfe de Siam.

IV. G. PINNA, Linné, 1758.

4. *P. Chemnitzii*, Hanley, *Proc. Zool. Soc. of London*, p. 136, 1858. — Reeve, *Conch. Icon. Mon. Pinna*, pl. I, fig. 1, 1851.
Hab. Iles du golfe de Siam.

V. G. MYTILUS, Linné, 1758.

5. *M. smaragdinus*, Chemnitz, *Conch. Cab.*, vol. VIII, p. 166, pl. LXXXIII, fig. 745.
Hab. Côtes de la Cochinchine.

VI. G. MODIOLA, Lamarck, 1801.

6. *M. arcuatula*, Hanley, *Proc. Zool. Soc. of London*, p. 16, 1844. — Reeve, *Conch. Icon. Mon. Modiola*, pl. VI, fig. 27, 1857.

Hab. Embouchure de la rivière de Kompong-Son. Côtes de la Cochinchine.

7. *M. Metcalfei,* Hanley, *Proc. Zool. Soc. of London,* p. 14, 1844. — Reeve, *Conch. Icon. Mon. Modiola,* pl. XIV, fig. 16 *a, b,* 1857.

Iles du golfe de Siam.

8. *M. Siamensis,* Morelet (*Dreissena*), *Sér. Conch.,* fasc. 4, p. 365, pl. XVII, fig. 3, 1875.

Hab. Embouchure de la rivière de Kompong-Som.

VII. G. DREISSENSIA, Van Beneden, 1835 (*Dreissena*).

9. *D. Crosseana,* L. Morlet, *in Journ. Conchyl.,* vol. XXXII, p. 402, pl. XIII, fig. 3 *a, b, c,* 1884.

Hab. Etang de Pnom-Penh (Cambodge); Cochinchine.

VIII. G. ARCA, Linné, 1758.

10. *A. complanata,* Chemnitz, *Conch. Cab.,* vol. VII, p. 198, pl. LV, fig. 544, 545.

Hab. Iles du golfe de Siam.

11. *A. auriculata,* Lamarck, *Hist. Nat. An. s. vert.* (éd. Deshayes), vol. VI, p. 472. — Reeve, *Conch. Icon. Mon. Arca,* pl. VI, fig. 35, 1842.

Hab. Iles du golfe de Siam.

12. *A. holoserica,* Reeve, *Proc. Zool. Soc. of London,* p. 39, 1844. — Reeve, *Conch. Icon. Mon. Arca,* pl. II, fig. 11, 1844.

Hab. Iles du golfe de Siam.

13. *A. navicularis,* Bruguière, *Encycl. méth. Vers,* p. 99. — *A. Noæ, var.,* Chemnitz, *Conch. Cab.,* vol. VII, p. 186, pl. LIV, fig. 533. — *A. navicularis,* Reeve, *Conch. Icon. Mon. Arca,* pl. XI, fig. 70, 1844.

Hab. Iles du golfe de Siam.

IX. G. Anadara, Gray, 1847.

14. *A. granosa*, Lamarck (*Arca*), *Hist. Nat. An. s. vert.* (éd. Deshayes), vol. vi, p. 472. — Reeve, *Conch. Icon. Mon. Arca*, pl. III, fig. 15, 1844.
Hab. Iles du golfe de Siam.
15. *A. Sabinœ*, L. Morlet, *nov. sp.*
Hab. Ile Phuquoc (golfe de Siam).

X. G. Parallelipedum, Klein, 1753.

16. *P. tortuosum*, Linné (*Arca*), *Syst. Nat.* (éd. Gmelin), p. 3305.— Reeve, *Conch. Icon. Mon. Arca*, pl. XIII, fig. 86, 1844.
Hab. Iles du golfe de Siam.

XI. G. Pectunculus, Lamarck, 1799.

17. *P. pectiniformis*, Lamarck, *Hist. Nat. An. s. vert.* (éd. Deshayes), vol. vi, p. 494. — Reeve, *Conch. Icon. Mon. Pectunculus*, pl. III, fig. 11, 1843.
Hab. Iles du golfe de Siam.

XII. G. Unio, Philipson, 1788.

18. *U. Cambodiensis*, Lea, *Journ. Am.Nat.Sci.*, vol. iii, p. 313. — *Obs. Gen. Unio*, vol. vi, p. 33, pl. XXX, fig. 28.
Hab. Etang de Pnom-Penh (Cambodge).
19. *U. Crossei*, Deshayes, *Nouv. Arch. Mus.*, vol. x, p. 124, pl. VI, fig. 5, 6, 7.
Hab. Bo Chien (Saïgon).
20. *U. Dautzenbergi*, L. Morlet, *nov. sp.*
Hab. Rivière de Srakéo, à Srakéo (Siam).
21. *U. Fischerianus*, L. Morlet, *in Journ. Conchyl.* vol. xxxi, p, 109, pl. IV, fig. 6, 6^a, 1883.
Hab. (Cambodge).

22. *U. gravidus*, Lea, *in Proc. Ac. nat. Sc. Phil.*, vol. VIII, p. 93, 1856.— *Obs. on the Gen. Unio*, vol. VI, p. 12, pl. XXIV, fig. 5.

Hab. Grand Lac (Cambodge).

23. *U. Ingallsianus*, Lea, *in Trans. Am. Phil. Soc.*, vol. X, p. 282, 1852. — *Obs.*, vol. V, p. 38, pl. XXIV, fig. 41.

Hab. Etangs près Anumpenhat, ceux des environs de Pnom-Penh, Grand Lac et ses affluents (Cambodge); rivière de Pékim, dans le Stung-Sutrang et sur la rive (Siam).

24. *U. inornatus*, Hanley, *ms.* — Reeve, *Conch. Icon. Mon. Unio*, pl. XXIV, fig. 147, 1865.

Hab. Rivière de Sutrang (Siam).

25. *U. micropterus*, Morelet, *in Journ. Conchyl.*, vol. XIV, p. 63, 1866. — *Séries Conch.*, fasc. 4, p. 349, pl. XV, fig. 6.

Hab. Rivière de Battambang, celle de Srakéo, à Srakéo (Siam).

26. *U. pellis-lacerti*, Morelet, *in Journ. Conchyl.*, vol. XIII, p. 22, 1865. — *Séries Conch.*, fasc. 4, p. 355, pl. XVII, fig. 5.

Hab. Grand Lac (Cambodge).

27. *U. rusticus*, Lea, *in Proc. Ac. Nat. Sc. Phil.*, vol. VIII, p. 93, 1856.—*Obs.*, vol. VI, p. 14, pl. XXV, fig. 7. — *U. Paivœanus*, Morelet, *in Journ. Conchyl.*, vol. XIII, p. 227, 1865.—*U. rusticus*, Morelet, *Séries Conch.*, fasc. 4, p. 353, pl. XVII, fig. 6, 1875.

Hab. Grand Lac, ses affluents et les étangs du Cambodge; dans la rivière de Cutrang, celle de Srakéo, à Srakéo, dans le Stung-Sutrang et sur les rives (Siam).

28. *U. scobinatus*, Lea, *in Proc. Ac. Nat. Sc. Phil.*, vol. VIII, p. 93, 1856. — *Obs.* vol. VI, p. 19, pl. XXVI, fig. 13. — *U. mandarinus*, Morelet, *in Journ. Conch.*, vol. XII,

p. 159, 1864. — *U. venustus*, Morelet, *in Journ. Conch.*, vol. XIII, p. 63, 1865. — *U. scobinatus*, Morelet, *Séries Conch.*, fasc. 4, p. 354, pl. XVII, fig. 3, 1875.

Hab. Mékong, Grand Lac et ses affluents (Cambodge).

29. *U. semidecoratus*, L. Morlet, *nov. sp.*

Hab. Rivière de Srakéo, à Srakéo (Siam).

30. *U. siamensis*, L. Morlet, *nov. sp.*.

Hab. Rivière de Sutrang (Siam).

31. *U. Sutrangensis*, L. Morlet, *nov. sp.*

Hab. Rivière de Sutrang (Siam).

32. *U. tumidulus*, Lea, *in Proc. Ac. Nat. Sc. Phil.*, vol. VIII, p. 93, 1856. — *Obs.*, vol. VI, p. 15, pl. XXV, fig. 9.

Hab. Grand Lac, ses affluents et les étangs du Cambodge, la rivière de Pékin et celle de Srakéo, à Srakéo (Siam).

XIII. G. Metaptera, Rafinesque, 1820.

33. *M. delphinus*, Grüner (*Unio*), *in Wiegm. Arch.*, p. 276, pl. XI, fig. 1, 1841. — Lea (*Unio*), *Obs. on the Genus Unio*, vol. III, p. 56, pl. XVII, fig. 35, 1842.

Hab. Grand Lac et ses affluents, dans les étangs qui avoisinent Pnom-Penh, rare dans le grand fleuve (Cambodge).

34. *M. Myersianus*, Lea (*Unio*), *in Proc. Ac. Nat. Sc. Phil.*, vol. VIII, p. 92, 1856. — *Obs. on the Genus Unio*, vol. VI, p. 10, pl. XXII, fig. 2.

Hab. Grand Lac (Cambodge) ; rivière du Stung-Sutrang et sur la rive (Siam).

XIV. G. Arconaia, Conrad, 1865.

35. *A. Delaportei*, Crosse et Fischer, *in Journ. Conch.*, vol. XXIV, p. 327, pl. X, fig. 1, et pl. XI, fig. 5, 1876.

Hab. Grand Lac (Cambodge); rivière de Srakéo (Siam).

XV. G. Monocondylea, d'Orbigny, 1835.

36. *M. Cambodgensis*, Petit, *in Journ. Conch.*, vol. XIII, p. 16, pl. IV, fig. 4, 1865.

Hab. Rivière du haut Pursac (Cambodge).

XVI. G. Pseudodon, Gould, 1844.

37. *P. Cumingii*, Lea (*Anodonta*), *in Proc. Zool. of Soc. London*, p. 109, 1850. — *Obs. on the Genus Unio*, vol. VII, p. 235, pl. XXXIII, fig. 114.

Hab. Rivière de Strang (Siam) : Pnom-Rohan, Pnom-Phlong, étangs et mares entre Pnom-Penh et Kampot (Cambodge).

38. *P. Harmandi*, Crosse et Fischer, *in Journ. Conch.*, vol. XXIV, p. 331, pl. X, fig. 2, 1876.

Hab. Etangs et marais entre Pnom-Penh et Kampot (Cambodge).

39. *P. Mabillei*, Rochebrune, *Bull. Soc. Phil. Paris*, vol. VI, fasc. 1, p. 41, 1881.

Hab. Grand Lac (Cambodge).

40. *P. ovalis*, L. Morlet, *nov. sp.*

Hab. Rivière de Srakéo (Siam).

41. *P. Pierrei*, Rochebrune, *Bull. Soc. Phil. Paris*, vol. VI, fasc. 1, p. 44, 1881.

Hab. Etangs et mares entre Pnom-Penh et Kampot (Cambodge); rivière de Sutrang (Siam).

42. *P. Thomsoni*, L. Morlet, *in Journ. Conchyl.*, vol. XXXII, p. 41, pl. XIII, fig. 2, 2*a*, 1884.

Hab. Etang de Pnom-Penh (Cambodge).

43. *P. tumidus*, Morelet (*Monocondylus*), *in Journ. Conchyl.*, vol. XIV. p. 62, 1866. — Mabille et Le Mesle (*Monocondylea*), *ibid.*, p. 122, 1866. — Mabille, *in Rev.*

Zool., p. 51, pl. V, fig. 6. 7, 1872.—Morelet, *Séries Conch.*, fasc. 4, p. 337, pl. XVI, fig. 1, 1875.

Hab. Dans tous les cours d'eau et étangs du Cambodge.

44. *P. Vondembuschiana*, Lea (*Monocondylea*), *Obs. on the Genus Unio*, vol. III, p. 60, pl. XVIII, fig. 39.

Hab. Etangs et marais entre Kampot et Pnom-Penh (Cambodge).

XVII. G. ANODONTA, Lamarck, 1799.

45. *A. doliolum*, Heude, *Conch. fluv. Prov. Nanking, Chine centrale*, fasc. 4, pl. XXVII, fig. 57.

Hab. Grand Lac (Cambodge).

46. *A. elliptica*, Heude, *Conch. fluv. Prov. Nanking, Chine centrale*, fasc. 4, pl. XXVII, fig. 58.

Hab. Dans les marais de Pnom-Penh (Cambodge).

47. *A. fusca*, Heude, *Conch. fluv. Prov. Nanking, Chine centrale*, fasc. 4, pl. XXVIII, fig. 59.

Hab. Cambodge.

48. *A. Lemeslei*, Morelet, *Séries Conch.*, fasc. 4, p. 328, pl. XIV, fig. 1, 1875.

Hab. Grand Lac, ses affluents, et étang de Pnom-Penh, mares près de Kompong-Toul, à Kon, dans une mare, sur la route de Kampot (Cambodge).

49. *A. linguaeformis*, Morelet, *Séries Conch.*, fasc. 4, p. 329, pl. XIV, fig. 5, 1875.

Hab. Grand Lac, étang autour de Pnom-Penh et, en général, dans tout le Cambodge.

50. *A. laminata*, Rochebrune, *Bull. Soc. Phil. Paris*, vol. VI, fasc. 1, p. 40, 1881.

Hab. Rivière de Sutrang (Siam).

51. *A. lucida*, Heude, *Conch. fluv. Prov. Nanking, Chine centrale*, fasc. 3, pl. XX, fig. 43.

Hab. Pnom-Penh (Cambodge).

52. *O. sempervivens*, Deshayes, *Nouv. Arch. Mus.*, vol. x, p. 120, pl. V, fig. 4, 5, 1876.

Hab. Rivière du haut Pursac et étangs de Pnom-Penh, Grand Lac et ses affluents (Cambodge).

XVIII. G. Dipsas, Leach, 1814.

53. *D. plicatus*, Leach, *Zool. Misc.*, vol. i, p. 120, pl. LIII, fig. 17, 1847.

Hab. Haut Pursac (Cambodge).

XIX. G. Tridacna (P. Belon, 1553), Bruguière, 1789.

54. *T. squamosa*, Lamarck, *Hist. nat. an. s. vert*, éd. Deshayes, vol. ix, p. 10.—Chemnitz, *Conch. Cab.*, vol. xi, pl. CCIV, fig. 1997, 1998.

Hab. Iles du golfe de Siam.

XX. G. Cardium, Linné, 1758.

55. *C. Dupuchense*, Reeve, *Proc. Zool. Soc. of London*, 1845. — *Conch. Icon. Mon. Cardium*, pl. XIV, fig. 67, 1845.

Hab. Iles du golfe de Siam.

56. *C. fimbriatum*, Wood, *General Conch.*, p. 238, pl. LVI. fig. 4, 5.

Hab. Iles du golfe de Siam.

57. *C. latum*, Born, *Test. Mus. Cæs. Vind.*, pl. III, fig. 9.

Hab. Iles du golfe de Siam.

XXI. G. Hemicardia, Klein, 1753.

58. *H. unedo*, Linné (*Cardium*), *Syst. Nat.* (éd. Gmelin), p. 3250. — Reeve, *Conch. Icon. Mon. Cardium*, pl. II, fig. 13, 1844.

Hab. Iles du golfe de Siam.

XXII. G. MERETRIX, Lamarck, 1799.

59. *M. lyrata*, Sowerby (*Cytherea*), *Thes. Conch.*, vol. I, p. 621. pl. CXXIX, fig. 61.
Hab. Iles du golfe de Siam.

60. *N. petechialis*, Lamarck, (*Cytherea*), *Hist. nat. an. s. vert.* (éd. Deshayes), vol. VI, p. 129. — Reeve, *Conch. Icon. Mon. Cytherea*, pl. II, fig. 7, 1864.
Hab. Iles du golfe de Siam.

XXIII. G. TIVELA, Link, 1807.

61. *T. bicolor*, Gray (*Cytherea*), *Anal.*, vol. VIII, p. 304, 1838. — Reeve, *Conch. Icon. Mon. Cytherea*, pl. VI, fig. 23, 1864.
Hab. Iles du golfe de Siam.

XXIV. G. CIRCE, Schumacher, 1817.

62. *C. divaricata*, Chemnitz (*Venus*) *Conch. Cab.*, vol. VI, p. 317, pl. XXX, fig. 316.
Hab. Iles du golfe de Siam.

63. *C. gibba*, Lamarck (*Cytherea*), *Hist. Nat. An. s. vert.* éd. (Deshayes), vol. V, p. 577.—Reeve, *Conch. Icon. Mon. Cytherea*, pl, V, fig. 21 *a*, *b*, *c*, *d*, 1863.
Hab. Iles du golfe de Siam.

64. *C. hebræa*, Lamarck (*Cythera*), *Hist. Nat. An. s. vert.* (éd. Deshayes), vol. VI, p. 308. — Reeve, *Conch. Icon. Mon. Cytherea*, pl. VIII, fig. 34, 1863.
Hab. Iles du golfe de Siam.

65. *C. scripta*, Linné (*Venus*), *Syst. nat.*, p. 1135. — Reeve, *Conch. Icon. Mon. Circe*, pl. I, fig. 1 *a*, *b*, *c*, 1864.
Hab. Iles du golfe de Siam.

XXV. G. DOSINIA, Scopoli, 1777.

66. *D. cretacea*, Reeve, *Conch. Icon. Mon. Artemis*, pl. VI, fig. 35, 1850.

Hab. Iles du golfe de Siam.

67. *D. contusa*, Reeve, *Conch. Icon. Mon. Artemis*, pl. VII, fig. 38, 1850.

Hab. Iles du golfe de Siam.

XXVI. G. VENUS, Linné, 1758.

68. *V. corbis*, Linné, *Mus. Ulr.*, p. 503.—Reeve, *Conch. Icon. Mon. Venus*, pl. X, fig. 34.

Hab. Iles du golfe de Siam.

69. *V. squamosa*, Linné, *Syst. Nat.* — Chemnitz, *Conch. Cab.*, vol. VI, p. 332, pl. XXXI, fig. 335.

Hab. Iles du golfe de Siam.

XXVII. G. TAPES, Mühlfeldt, 1811.

70. *T. radiatus*, Chemnitz, *Conch. Cab.*, vol. VII, p. 45, pl. XLII, fig. 439.

Hab. Iles du golfe de Siam.

71. *T. variegatus*, Sowerby, *Thes. Conch.*, vol. I, p. 696, pl. CLI, fig. 133–138, 1867–1869.

Hab. Golfe de Siam.

XXVIII. G. CYRENA, Lamarck, 1818.

72. *C. Sumatrensis*, Sowerby, *Gen. of Shells*, vol. II, pl. LIX, 1830. — Reeve, *Conch. Icon. Mon. Cyrena*, pl. XIII, fig. 62.

Hab. Golfe de Siam, près Ragong (Siam).

XXIX. G. CORBICULA, Muhlfeldt, 1811.

73. *C. Bocourti*, Morelet, *in Journ. Conchyl.*, vol. XIII,

p. 228, 1865. — *Séries Conch.*, fasc. 4, p. 361, pl. XVI, fig. 2, 1875.

Hab. Grand Lac (Cambodge).

74. *C. erosa*, Deshayes, *Proc. Zool. Soc. of London*, p. 354, 1856.—Reeve, *Conch. Icon. Mon. Cyrena*, pl. XI. fig. 46, *a*, *b*.

Hab. Rivière de Srakéo, à Srakéo (Siam).

75. *C. Grävisi*, Heude, *Conch. fluv. Prov. Nanking*, *Chine centrale*, fasc. 10, pl. IV, fig. 20, 20, *a*.

Hab. Haut Pursac (Cambodge).

76. *C. gryphæa*, Heude, *Conch. fluv. Prov. Nanking*, *Chine centrale*, fasc. 10, pl. V, fig. 28.

Hab. Haut Pursac (Cambodge).

77. *C. indigotina*, Heude, *Conch. fluv. Prov. Nanking*, *Chine centrale*, fac. 10, pl. IV, fig. 21.

Hab. Kompong-Ratt, sur les bords du Prec-Péan, Chilang (Cambodge).

78. *C. Moreletiana*, T. Prim, *in Ann. Lyc. N. York*, vol. VIII, p. 416, 1867. — Morelet, *Séries Conch.*, fasc.4, p. 360, pl. XVII, fig. 4, 1875.

Hab. Marais derrière Pnom-Penh, sur les bords du Prec-Péan, Chilang (Cambodge).

79. *C. Nevillei*, Clessin, *Malak. Blätt.,Ser. nov.*,vol. IX, p. 70, pl. II, fig. 5, 1887.

Hab. Rivière de Srakéo, à Srakéo (Siam).

80. *C. Petiti*, Clessin, *ms.*, *in Journ. Conchyl.*,vol XXXIV, p. 268, 291, 1886. — *Malak. Bl., Ser. nov.*,vol. IX, p. 71, pl. II, fig. 6, 1887.

Hab. Mékong, Grand Lac et ses affluents (Cambodge).

81. *C. Tonkiniana*. L. Morlet, *in Journ. Conchyl.*; vol. XXXIV, p. 268, 292, pl. IV, fig. 5, 5*a*, 1886.

Hab. Mékong, Grand Lac et ses affluents (Cambodge).

XXX. G. Donax, Linné, 1758.

82. *D. faba,* Chemnitz, *Conch. Cab.*, vol. vi, p, 270, pl. XXVI, fig. 266, 267.
Hab. Iles du golfe de Siam.

XXXI. G. Solenotellina, Blainville, 1824.

83. *S. consobrina,* Deshayes, *ms., in Mus. Cuming.* — Reeve, *Conch. Icon. Mon. Saletellina,* pl. I, fig. 1, 1857.
Hab. Embouchure de la rivière de Kampot (Cambodge).

XXXII. G. Asaphis, Modeer, 1793.

84. *A. rugosa,* Lamarck (*Capsa*), *Hist. nat. an. s. vert.* (éd. Deshayes), vol. vi, p. 170. — *Venus deflorata,* Linné, *Syst. nat.* (12e éd.), p. 1133. — Reeve, *Conch. Icon. Mon. Capsa,* pl. I. fig. 1, *a–f,* 1856.
Hab. Iles du golfe de Siam.

XXXIII. G. Novaculina, Benson, 1830.

85. *N. Siamensis,* L. Morlet, *nov. sp,*
Hab. Marais de Chantakam (Siam).

XXXIV. G. Siliqua, Mühlfeldt, 1851.

86. *S. radiata,* Linné, *Syst. Nat.* — Reeve, *Conch. Icon. Mon. Cultellus,* pl. IV, fig. 13, 1874.
Hab. Kampot (golfe de Siam).

XXXV. G. Mesodesma, Deshayes, 1830.

87. *M. striata,* Deshayes, *Encycl. Méth. Vers,* vol. ii, p. 443. — Reeve, *Conch. Icon. Mon. Mesodesma,* pl. II, fig. 10, 1854.
Hab. Iles du golfe de Siam.

XXXVI. G. Mactra, Linné, 1767.

88. *M. Reevei*, Deshayes, *Proc. Zool. Soc.*, 1854. —
Reeve, *Conch. Icon. Mon. Mactra*, pl. XVI, fig. 85, 1854.
Hab. Iles du golfe de Siam.

XXXVII. G. Pholas, (Lister, 1687) Linné, 1758.

89. *P. Australasiæ*, Gray, *ms.*, *Brit. Mus.* — Sowerby, *Thes. Conch.*, vol. II, p. 488, pl. CVI, fig. 73,
1855.
Hab. Entre Bangkok et Kampot (Golfe de Siam).
90. *P. rivicola*, Sowerby, *Proc. Zool. Soc. of London*,
1849. — *Thes. Conch.*, vol. II, p. 496, pl. CVIII, fig. 90,
91, 1855.
Hab. Entre Bangkok et Kampot (Golfe de Siam).

XXXVIII. G. Phragmopholas, Fischer, 1887.

91. *P. orientalis*, Gmelin, *Syst. Nat.*, n° 3216. — Reeve,
Conch. Icon. Mon. Pholas, pl. II, fig, 5, 1872.
Hab. Iles du golfe de Siam.

XXXIX. G. Martesia, Leach, in Blainville, 1824.

92. *M. multistriata*. Sowerby, *Proc. Zool. Soc. of Lon-
don*, 1849.— *Thes. Conch.*, vol. II, p. 194, pl. LIV. fig.35,
36, 1855.
Hab. Mékong (golfe de Siam),
93. *M. striata*, Linné, *Syst. Nat.* p. 1111. — Sowerby,
Thes. Conch., vol. II, p. 495, pl. CIV, fig. 40, 41, 42, pl.
CV, fig. 43, 44, 1855.
Hab. Entre Bangkok et Kampot (golfe de Siam).

XL. G. Lucina, Bruguière, 1792.

94. *L. punctata*, Linné, (*Venus*), *Syst. Nat.* (12e éd.),

p. 1134, — Reeve, *Conch. Icon. Mon. Lucina*, pl. I, fig. 2, 1850.

Hab. Iles du golfe de Siam.

95. *L. venusta, Philippi, Abbild. und Beschr.*, vol. II, p. 206, *Lucina*, pl. I, fig. 2.

Hab. Iles du golfe de Siam.

XLI. G. TELLINA, Linné, 1758.

96. *T. rostrata,* Linné, *Syst. Nat.*, p. 1118.— *T. Spengleri*, Chemnitz, *Conch. Cab.* vol. VI, fig. 88, 89. — Sowerby, *Thes. Conch.*, p. 222, pl. LVI, fig. 157.

Hab. Hatien (golfe de Siam).

BRACHIOPODES

I. G. LINGULA, Bruguière, 1792.

1. *L. anatina,* Lamarck, *Hist. nat. an, s. vert,* (éd. Deshayes), vol. VII, p. 390.— Reeve, *Conch. Icon. Mon. Lingula*, pl. II, fig. 10, 11, 1859.

Hab. Iles du golfe de Siam.

2. *L. hians,* Swainson, *Zool. Illust.*, vol. II, pl. XI. — Reeve, *Conch. Icon. Mon. Lingula,* pl. II, fig. 12 *a, b,* 1859.

Hab. Iles du golfe de Siam.

III

DESCRIPTION D'ESPÈCES NOUVELLES

1. HELICARION PAVIEI (Pl. VI, fig. 1).

Testa maxima, imperforata, ovoidea, subglobosa, supra subconoidea, tenuis, diaphana, luteo-cornea, striis incrementi arcuatis, interdùm subrugosis, irregularibus, et lineis spiralibus parùm conspicuis ornata; spira brevis; anfractus 3 1/2, suturâ marginatâ discreti, ultimus maximus, in vicinio suturæ depressiusculus ; apertura magna, auriformis; margine columellari et labro arcuatis, acutis, tenuibus. — Diam. maj. 31 mill.; diam. minor 23 1/2 ; altit. 20. (Coll. du Muséum.)

Hab. Cambodge.

Coquille grande, imperforée, ovoïde, subglobuleuse, d'une forme légèrement conique dans la partie supérieure, mince, diaphane, d'un jaune corné clair, couverte de stries d'accroissement un peu rugueuses et irrégulières et de lignes spirales irrégulières et peu apparentes ; spire courte, composée de 3 tours 1/2, séparés par une suture marginée, le dernier très grand et légèrement déprimé, au voisinage de la suture. Ouverture très grande, auriforme, bord columellaire, aigu, labre mince et tranchant.

Plus grand diamètre 31 millimètres, plus petit 23 1/2, hauteur 20.

Obs. Cette espèce se distingue de toutes ses congénères par sa forte taille et la dépression qui existe dans la partie supérieure du dernier tour.

2. Hemiplecta, dichromatica (Pl. VI, fig. 2).

Testa angustè umbilicata, suborbicularis, complanata, solidiuscula, epidermide pallidè corneâ induta, suprà pallidè castanea, haud nitens, radiatim costulata, costulis subgranulosis, striis spiralibus, decussatis ; infrà albida, nitida, tenue et radiatim striata ; spira vix prominula ; anfractus 6 1/2 parùm convexi, regulariter et sensim accrescentes, primi 2 lævigati, sequentes tenuiter decussati; ultimus rotundatus, suprà decussatus, lineâ fuscâ suprà medium abruptè delimitatus, basi convexus. Apertura semilunaris, intùs alba; morginibus non continuis; margine columellari brevi, ad umbilicum dilatato ; margine basali arcuato ; labro acuto ; umbilico angusto, rotundato, profundo. — *Diam. maj.* 31, *minor* 26, *altit.* 17 *mill.* (Coll. du Muséum.)

Hab. De Srakéo à Ang-Son (Siam).

Coquille étroitement ombiliquée, suborbiculaire, aplatie, assez solide, épidermée, de couleur brun-pâle et terne à la partie supérieure, blanche et luisante à la partie inférieure, couverte, en dessus, de costulations subgranuleuses, rayonnantes, croisées par des stries spirales qui manquent en-dessous ; spire peu saillante, composée de 6 tours 1/2 peu convexes, s'accroissant régulièrement, séparés par une suture simple ; les deux premiers lisses, les suivants finement quadrillés ; dernier tour arrondi, non caréné, quadrillé à sa partie supérieure, brunàtre, divisé par une ligne brune plus foncée, un peu au-dessus de sa partie moyenne, convexe à sa base. Ouverture semi-lunaire, blanche à l'intérieur ; bords non réunis par une callosité ; bord columellaire court, légèrement dilaté au niveau de l'ombilic ; bord basal arqué ; labre aigu ; ombilic étroit, arrondi, profond.

Plus grand diamètre 31 millimètres ; plus petit 26 ; hauteur 17.

Rapports et différences. L'*Hemiplecta dichromatica* diffère de l'*H. Theodori*, Philippi, par sa taille plus forte, sa spire moins aiguë, le dessous de sa coquille moins convexe, ses stries plus fines et sa coloration plus tranchée.

3. HELIX FOURESI (Pl. VI, fig. 3).

Helix Fouresi, L. Morlet, *Journ. Conchyl.*, vol. XXXIV, p. 74, 1886.

Coquille ombiliquée, déprimée, assez mince, hérissée
de poils, dont on ne voit que les traces ponctuées, ornée
de stries d'accroissement irrégulières, couverte d'un épiderme verdâtre. Spire à peine saillante, composée de cinq
tours un peu convexes, séparés par une suture simple,
très prononcée; dernier tour couvert de stries fortes et
irrégulières, descendant fortement en avant, caréné,
déprimé dans la partie médiane et au-dessus de la carène,
très convexe en-dessous; ombilic ouvert, permettant de
voir jusqu'au premier tour; ouverture oblique, descen-
dante, à bords réunis par un dépôt calleux très mince;
bord columellaire court, dilaté, bord basal arqué, bord
supérieur droit; péristome mince et fortement réfléchi.

Plus grand diamètre 19 millimètres; plus petit diamètre 16, hauteur 10 (Coll. Morlet).

Hab. Plateau de Stang-Trang, Cambodge (Pavie).

Obs. Cette espèce se distingue de l'*Helix Tanquereyi*,
Crosse, par sa taille plus grande et sa spire moins déprimée : ses tours sont plus aplatis, sa carène est plus forte,
son ouverture plus oblique; elle se rapproche également
de l'*H. breviseta*, Pfeiffer, mais elle en diffère par son
ombilic beaucoup moins ouvert, sa spire moins aplatie et
surtout par sa carène.

4. BULIMUS (AMPHIDROMUS) BEGINI (Pl. VI,
fig. 4).

Bulimus Begini, L. Morlet, *Journ. Conchyl.*, vol. XXXIV,
p. 74, 1886.

Coquille sénestre, pourvu d'une fente ombilicale presque entièrement recouverte, fusiforme, mince, luisante,
de couleur blanche, ornée de flammules brunes irrégulières couverte de côtes longitudinales, irrégulières, quel-

ques-unes bifides; spire élevée, composée de 6 à 7 tours, convexes, augmentant rapidement, séparée par une suture légèrement crénelée, les trois premiers lisses, ayant le sommet d'un brun très vif, les autres couverts de côtes, le dernier très ventru, formant à lui seul les 2/3 de la longueur totale de la coquille ; ouverture subanguleuse à la base, blanche à l'intérieur mais laissant voir, par sa finesse, les flammules à travers la coquille ; péristome brun, arrondi, un peu épais et réfléchi en dehors ; bords non continus, bord columellaire droit, d'une couleur brune très vive, élargi et recouvrant en grande partie la fente ombilicale.

Longueur totale de la coquille 25 millimètres, plus grand diamètre 13 ; longueur de l'ouverture 12, plus grande largeur 7 m. (Coll. Morlet).

Hab. Plateau de Stung-Trang, Cambodge (Pavie).

Obs. Cette espèce ne peut se confondre avec les autres du même genre, de Java et des Iles de la Sonde, lesquelles sont toujours lisses, tandis que celle-ci est couverte de costulations continues.

Nous prions M. le général Bégin, de vouloir bien agréer la dédicace de cette espèce, en souvenir du concours bienveillant qu'il a toujours prêté à notre ami Pavie.

5. Haminea Perrieri (Pl. VI, fig. 7).

Testa ovato-oblonga, involuta, subglobosa, tenuis, fragilis, epidermide tenui, virescente-corneâ induta, lineis spiralibus tenerrimis et striis incrementi exilibus, irregularibus ornata; spira concava, umbilicata; apertura perlonga, anticè parùm dilatata, posticè attenuata; labro tenui, acuto; margine basali rotundato ; margine columellari concavo, callo tenui munito. —

Longit. 16 *mill.*, *diam. maj.* 9. (Coll. du Muséum).

Hab. Golfe de Siam.

Coquille ovale oblongue, enroulée, subglobuleuse, mince, fragile, couverte d'un épiderme mince et d'un vert pâle uniforme, ornée de stries spirales très fines et régulières et de stries d'accroissement très irrégulières ; spire concave, ombiliquée ; ouverture aussi longue que le dernier tour, large en avant ; bord externe mince, tranchant, bord basal arrondi, bord columellaire concave, recouvert d'une callosité très mince, sur toute sa longueur.

Longueur 16 millimètres, diamètre 9.

Rapports et différences. Cette espèce, voisine du *Bulla cymbalium*, Quoy et Gaimard, de la Nouvelle-Calédonie, s'en distingue par sa forme un peu plus ovale, par son test un peu plus épais, par son ouverture un peu plus élargie à la base, par les stries spirales qui recouvrent toute la coquille, tandis que le *B. cymbalium* est lisse.

Malheureusement, tous les échantillons ont été recueillis roulés et sont en mauvais état.

6. CANIDIA PAVIEI (Pl. VII, fig. 1).

Canidia Paviei, L. Morlet, *Journ. Conchyl.*, vol. XXXIV, p. 75, 1886.

Coquille subperforée, ovale, épaisse, ventrue, jaunâtre, ornée de zônes d'une couleur brune, couverte de petits cordons transverses réguliers et de stries longitudinales très fines ; spire courte, composée de 4 à 5 tours convexes, séparés par une suture légèrement canaliculée ; les premiers présentent des érosions ; la partie supérieure de chaque tour est ornée d'une forte côte et de deux autres un peu plus faibles, ces côtes sont anguleuses, tandis que les autres sont presque plates ; le dernier tour est orné de

3 zônes ; l'ouverture est ovale, oblongue, anguleuse en
arrière, échancrée, courte en avant ; les bords sont réunis
par un dépôt calleux très mince et brillant, sur lequel on
voit des sillons très fins : la columelle est arquée au milieu
et le bord columellaire recouvre en partie la fente ombilicale ; le bord droit est arrondi et épais sur toute sa longueur, très évasé et forme à la base, avec le bord columellaire, un petit canal court. — Opercule inconnu (Coll.
Morlet).

Longueur totale de la coquille 9 millimètres, plus grand
diamètre 6 ; longueur de l'ouverture 7 ; largeur 3.

Obs. Cette espèce, très voisine du *Canidia bizonata*,
Deshayes, s'en distingue par sa taille plus petite, ses côtes
spirales, au lieu d'être longitudinales, ses stries fines et son
ouverture plus évasée.

7. PALUDINA PAVIEI (Pl. IX, fig. 2).

*Testa vix rimata, turbinata, tenuicula, nitens, vires-
centefusca, haud zonata, striis incrementi interdùm
subrugosis, irregularibus, lineis spiralibus tenerrimis,
undulosis et costis spiralibus obsoletis, vix conspicuis
ornata ; anfractus 6 (superstites 4) primi erosi, reliqui
suturâ simplice discreti ; ultimus dimidiam testam superans ; umbilico angusto, margine columellari tecto ;
apertura ovalis, supernè angulata, intùs albo-cærulescens, marginibus callo crasso et nigrescente junctis ;
peristomate nigro marginato. — Operculum rubiginosum,
concentrice lamelloso-striatum, nucleo extùs concavo.
— Longit. 33 mill. ; diam. maj. 27 ; apertura 20 mill.
longa, 15 lata (Coll. du Muséum).*

Hab. Marais de Kampot (Cambodge).

Coquille munie d'une fente ombilicale très faible, de

forme turbinée, mince, luisante, couverte d'un épiderme vert clair, sur les premiers tours, et plus brun sur le dernier, ornée de stries d'accroissement un peu rugueuses, irrégulières, de stries spirales très fines, onduleuses, et de quelques rudiments de côtes spirales à peine visibles ; spire composée de 6 tours convexes, mais n'en n'ayant conservé que 4 (les premiers ayant disparu par érosion), augmentant régulièrement, séparés par une suture simple, le dernier dépassant la moitié de la longueur totale de la coquille. Ombilic étroit, recouvert en grande partie par le bord columellaire. Ouverture ovale, légèrement anguleuse à sa partie supérieure, d'un blanc bleuâtre à l'intérieur ; bords réunis par un dépôt calleux épais et noir ; péristome bordé de noir, à sa partie interne. — Opercule corné, orné de stries concentriques lamelleuses ; nucléus concave à l'extérieur.

Longueur totale de la coquille 33 millimètres ; plus grand diamètre 27. Longueur de l'ouverture 20 ; plus grande largeur 15.

Rapports et différences. Cette espèce, voisine du *P. lecytoides*, Benson, s'en distingue par sa taille plus petite, sa forme plus élancée, ses stries plus fines, son ouverture plus arrondie, son labre plus épais, sa surface non martelée et pourvue de petites côtes obsolètes.

8. PALUDINA SABINÆ (Pl. IX, fig. 1).

Testa vix rimata, conoideo-turriculata, crassa, striis spiralibus tenerrimis et striis incrementi arcuatis, obliquis ornata, epidermide tenui, lutescente induta ; spira acuta, apice erosa ; anfractus 6 convexi, regulariter crescentes, suturâ impressâ, submarginatâ discreti, primi pallidèvirescentes, sequentes viridi-fuscescentes, zonis spi-

ralibus fuscis 3-5 cingulati ; ultimus dimidium longitu-
dinis æquans, medio subcarinatus, basi striis concentricis,
undulosis ornatus ; apertura subrotunda, supernè
subangulata, intùs alba, marginibus callo junctis ; peris-
tomate nigrescente ; labro subreflexo, — Operculum.....
— Longit. 33 mill., diam. maj. 23 ; apertura 15 mill.
longa, 13 lata (Coll. Muséum).

Hab. Srakéo (Siam).

Coquille très étroitement perforée, conique, épaisse,
ornée de très fines stries spirales et de stries d'accroissement arquées et obliques, recouverte d'un épiderme mince,
luisant ; spire aigue, érodée au sommet, composée de
6 tours convexes, augmentant graduellement, séparés par
une suture assez profonde et bordée ; les premiers d'un
vert clair, les suivants d'un vert brunâtre, avec 3 à 5 zones
spirales brunes, étroites, régulières ; le dernier tour, formant à lui seul près de la moitié de la longueur totale,
subcaréné à la périphérie, couvert à sa base de stries spirales très fines et onduleuses. Ouverture subarrondie,
légèrement anguleuse à sa partie supérieure, d'un blanc de
lait à l'intérieur ; bords réunis par un dépôt calleux épais,
péristome bordé de noir, labre légèrement subréfléchi.
Opercule inconnu.

Longueur totale de la coquille 33 millimètres, plus grand
diamètre 23. Longueur de l'ouverture 15 ; plus grande
largeur 13 millimètres.

Rapports et différences. Cette espèce a quelques rapports avec le *P. quadrata,* Benson, mais elle en diffère
par sa forme plus trapue, ses tours plus convexes, son
ouverture plus grande et plus arrondie, son péristome
bordé de noir, tandis qu'il est blanc dans le *P. quadrata.*
De plus, ce dernier a ses tours ornés de petites carènes et

est légèrement déprimé, à la partie supérieure de chaque tour. Notre espèce n'a aucune carène sur ses tours.

9. Paludina Danieli (Pl. VIII, fig. 3).

Testa perforata, breviuscula, globoso-conoidea, fragilis, epidermide corneâ induta, radiatim striata, striis incrementi sparsim fusco-nigrescentibus et irregularibus ; spira acuta, integra ; anfractus 6 valde convexi, suturâ simplice discreti ; tertius et quartus ad peripheriam angulati, reliqui regulariter rotundati, ultimus 2/3 longidudinis æquans, fusco obsolete zonatus ; umbilicus partim tectus ; apertura ovali-rotundata, intùs albo-cærulescens et zonis obscuris 5 obsoletè zonata ; marginibus callo tenui junctis ; margine columellari brevi ; peristomate nigro marginato ; labro acuto. — Operculum typicum. — Longit. 27 mill.; diam. maj. 22 mill. ; Apertura 15 mill. longa, 12 lata (Coll. Muséum).

Hab. Etangs de Pnom-Penh (Cambodge).

Coquille légèrement ombiliquée, courte, conoïde, globuleuse, fragile, recouverte d'un épiderme mince, couverte de stries d'accroissement irrégulières, dont quelques unes sont brunes ; spire aigue, composée de 6 à 6 tours 1/2 très globuleux, séparés par une suture simple, quoique très prononcée ; le troisième et le quatrième anguleux à la périphérie, les autres régulièrement arrondis, le dernier formant à lui seul les 2/3 de la longueur totale de la coquille ; vert avec 3 ou 4 zones spirales. Ombilic étroit, recouvert en partie par le bord columellaire. Ouverture ovale arrondie, légèrement bleuâtre à l'intérieur, où l'on aperçoit les indices de 4 zones brunâtres spirales ; bords réunis par un dépôt calleux mince ; bord columellaire court et épais. Péristome bordé de noir, labre aigu. — Opercule typique.

Longueur totale de la coquille 27 millimètres ; plus grand diamètre 22. Longueur de l'ouverture 15, plus grande largeur 12.

Rapports et différences. Espèce voisine du *P. malleata*, Reeve, mais bien distincte par sa taille plus petite, son test plus mince, ses tours de spire plus globuleux, principalement le dernier, son ouverture plus arrondie et son ornementation plus fine et plus régulière.

Obs. L'échantillon figuré est plus petit que le type, il n'a que 25 millimètres de longueur, 20 de diam. ; ouverture 14 de hauteur, 12 de largeur.

10. Ampullaria Begini (Pl. VIII, fig. 1).

Testa angustè umbilicata, ovoidea, globosa, crassa, solida, haud nitens, luteo-virescens, spiraliter obscurè et obsoletè zonata, striis spiralibus exilissimis et striis incrementi irregularibus ornata ; spira obtusa, erosa ; anfractus 6 convexi, supernè depressi, suturâ lineari discreti ; anfractus ultimus ventrosus, 3/4 longitudinis æquans ; umbilicus margine columellari partim tectus ; apertura ovalis, intùs fusca et propè labrum fusco zonata, infernè subangulata ; marginibus callo junctis ; margine columellari reflexo, crasso, lutescente ; labro acuto. — Operculum..... — Longit. 48 mill. ; diam. maj. 43 ; apertura 35 mill. longa, 23 lata (Coll. du Muséum).

Hab. Le Mékong et dans tout le Cambodge.

Coquille étroitement ombiliquée, ovoïde, globuleuse, épaisse, solide, terne, recouverte d'un épiderme mince, d'un jaune verdâtre, avec quelques zones spirales obscures, et peu marquées, ornée de stries spirales très fines et de quelques stries d'accroissement irrégulières ; spire obtuse,

erodée ; tours au nombre de 6, globuleux, légèrement
aplatis à la partie supérieure et séparés par une suture
simple, le dernier ventru et formant à lui seul les 3/4 de
la longuenr totale. Ombilic recouvert en partie par le bord
columellaire. Ouverture ovale, d'une teinte brunâtre, chez
les individus bien conservés, avec quelques bandes à l'intérieur, légèrement anguleuse à la base ; bords réunis par
un dépôt calleux assez épais ; bord columellaire épais, fortement réfléchi en dehor. et d'une couleur jaunâtre, labre
mince et tranchant. — Opercule inconnu.

Longueur totale de la coquille 48 millimètres ; plus grand
diamètre 43. Longueur de l'ouverture 35 ; plus grande
largeur 23.

Rapports et différences. Cette espèce a beaucoup d'ana-
logie avec l'*A. paludinoides*, Philippi, par sa forme générale. Il sera toujours facile de l'en distinguer par sa forme
plus élancée, le sommet de ses tours plus arrondis, ses stries
spirales et d'accroissement très fines et la base de l'ouverture légèrement anguleuse, tandis que l'*A. paludinoides*
est légèrement martelé, ses stries assez irrégulières et un
peu rugueuses et son ouverture bien arrondie.

11. AMPULLARIA PESMEI (Pl. VIII, fig. 2).

Testa angustè rimata, turbinata, globosa, roseo-
cærulescens, nitens, striis incrementi subrugosis, irre-
gularibus et striis spiralibus tenerrimis notata, zonis
spiralibus angustis, castaneis, interdùm confluentibus
ornata ; spira obtusa ; anfractus 4 1/2 convexi, suprà
depressiusculi, suturâ subcanaliculatâ discreti ; primi 2
lævigati, depressi ; ultimus 2/3 longitudinis æquans ;
umbilico angusto, margine columellari partim texto ;
apertura ovato-oblonga, basi subangulata, intùs lutes.

centi-aurantiaca, fusco-zonata; marginibus callo crasso, luteo junctis ; margine columellari subrectilineo, extùs reflexiusculo ; labro arcuato, lutescente, simplice. — Operculum.... — Longit 30 mill.; diam. maj. 29; apertura 22 mill. longa, 14 lata. (Coll. Muséum).

Hab. Phnom-Penh. (Cambodge).

Coquille munie d'une étroite fente ombilicale, turbinée, globuleuse, couverte d'un épiderme jaunâtre mince, d'un rosé bleuàtre, luisante, marquée de stries d'accroissement un peu rugueuses, irrégulières et de stries spirales excessivement fines, régulières, ornée de quelques bandes spirales, brunes, étroites, quelquefois réunies. Spire obtuse, composée de 4 tours 1/2 convexes, légèrement aplatis à la partie supérieure, séparés par une suture légèrement canaliculée, les 2 premiers lisses et aplatis, le dernier formant à lui seul les 2/3 de la longueur totale de la coquille. Ombilic étroit et recouvert en partie par le bord columellaire. Ouverture oblongue, légèrement anguleuse à la base, intérieurement d'un jaune orangé et laissant voir les bandes qui ornent la coquille ; bords réunis par un dépôt calleux assez épais, bord columellaire presque droit et légèrement réfléchi en dehors, ainsi que le bord basal, labre régulièrement cintré, jaune doré, épais et simple.— Opercule inconnu.

Longueur totale de la coquille 37 millimètres; plus grand diamètre 32. Longueur de l'ouverture 28; plus grande longueur 18.

Rapports et différences. Espèce voisine, comme forme générale, de l'*A. canaliculata*, Linné, mais s'en distinguant par sa taille beaucoup plus petite, sa spire moins élevée, ses bandes moins nombreuses et ses stries spirales, que l'*A. canaliculata* ne possède pas.

12. Pterocyclus Perrieri. (Pl. VI, 6).

Testa subdiscoidea, latè umbilicata, tenuicula, epidermide pallidè virescente induta, supernè flammulis fuscis ornata, propè peripheriam albida, medio fusco zonata, infernè fuscescens, striis radiantibus, tenuibus, regularibus notata; spira vix prominula; anfractus 4 1/2 convexi, suturâ profundè impressâ discreti: ultimus descendens; apertura circularis, posticè subangulata; peristoma duplex, album: internum tenue, continuum, externum dilatatum, reflexum, canaliculatum, posticè sinuosum et productum ad insertionem anfractûs penultimi, margine columellari brevi, sulcato, posticè sinuoso, canaliculato, producto. Operculum...— Diam. maj. 34 mill.; min. 26; alt. 17. Apertura cum peristomate 16 1/2 mil. longa; 14 lata. (Coll. Muséum).

Hab. Entre Chantabun et Srakéo (Siam).

Coquille subdiscoïde, très largement ombiliquée, mince, couverte d'un épiderme vert pâle et de flammules brunes en dessus, d'une zône blanchâtre à la périphérie du dernier tour, d'une ligne très brune qui s'atténue en descendant et reste d'un brun pâle sur tout le dessous de la coquille, ornée de stries longitudinales fines et assez régulières; spire peu élevée, composée de 4 tours 1/2, globuleux, séparés par une suture profonde; dernier tour très descendant; ouverture circulaire, légèrement anguleuse en arrière; péristome double, blanc, l'interne continu et mince, l'externe largement développé, réfléchi, formant en dedans une gouttière qui occupe les 2/3 de l'ouverture, dans la partie correspondant au labre, et qui se termine, à sa jonction avec l'avant dernier tour, par un petit sinus prolongé; bord columellaire court, qui se termine également par un petit sinus séparé du labre par une petite saillie. — Opercule inconnu.

Plus grand diamètre de la coquille 34 millimètres ; plus petit 26 ; hauteur totale 17 ; longueur de l'ouverture, péristome compris, 15 1/2 ; largueur 14.

Rapports et différences. Espèce voisine du *Pterocyclus planorbulus*, Lamarck, mais en différant par sa taille plus petite, moins déprimée, ses tours plus arrondis, son ombilic plus évasé, son dernier tour moins détaché et le petit canal de son ouverture double, tandis qu'il est simple dans le *planorbulus*.

13. Opisthoporus pulchellus (Pl. VI, fig. 5).

Testa latè umbilicata, subdiscoidea, solida, albido-lutescens, apice fuscescens, supernè flammulis, irregularibus, infernè flammulis pallidioribus ornata, radiatim striata ; anfractus 5 convexi, suturâ simplice sed profundâ discreti ; primi 2 lævigati et fusci ; anfractus ultimus descendens, in vicinio peristomatis liber, rotundatus, ad peripheriam albescens et zonâ fuscâ, regulari cingulatus ; apertura circularis ; peristoma album, continuum, crassum, extùs reflexum ; margine columellari brevi, ad junctionem labri canalem subtubuliformem, prominulum, extùs tuberculiformem formante. Operculum... — Diam. maj. 21 ; diam. min. 17 ; altit. 12 mill. Apertura 7 mill. longa et lata. (Coll. du Muséum).

Hab. Mont Sisophon (Siam) ; recueilli, après un incendie, dans les bois.

Coquille largement ombiliquée, subdiscoïde, solide, luisante, d'un jaune blanchâtre et allant en brunissant jusqu'au sommet, ornée, à la partie supérieure, de petites flammules blanchâtres irrégulières, dont la teinte est beaucoup plus claire, à la partie inférieure, garnies de stries rayonnantes irrégulières ; spire composée de 5 tours convexes, séparés par une suture simple, mais profonde, les 2 premiers tours lisses et bruns, le dernier descendant complétement, séparé de l'avant-dernier, arrondi, près de la bouche, orné souvent, à la périphérie, d'une bande brune régulière ; ouverture arrondie ; péristome blanc, continu, épais et réfléchi en dehors, bord columellaire court, formant, à sa jonction avec le labre, un petit canal subtubuliforme, saillant et plus élevé sur le labre, où il forme un léger tubercule extérieurement. — Opercule inconnu.

Plus grand diamètre de la coquille, 21 millimètres, plus petit 17, hauteur 13 ; ouverture, hauteur et largeur, 8 millimètres.

Obs. Cette espèce paraît très voisine du *Pterocyclus Cochinchinensis*, Reeve ; elle en diffère par sa taille plus plus forte, sa spire plus élevée et ses tours plus arrondis. Quant à la couleur et à l'ornementation, on ne peut rien en dire, l'échantillon dessiné ayant été recueilli, dans une forêt, après un incendie.

14. ARCA (ANADARA) SABINÆ (Pl. VIII, fig. 6).

Testa inæquivalvis, parva, crassa, obliquè subcordiformis, subæquilateralis, epidermide tenui, hispidulâ induta, costis radiantibus 24 crassis, tuberculosis ornata ; marginibus denticulatis, ventrali clauso ; cardine rectilineo, dentibus numerosis circiter 30, medio minutis, brevibus, lateraliter majoribus instructo ; umbones prominentes, curvati, areâ ligamenti rhomboidali discreti ; cicatriculis musculorum adductorum inæqualibus, an-

lica minore, impressâ, posticâ latiore, superficiali; cica-
tricula musculi adductoris antici byssi propè lineam
cardinalem sita, subrotunda; cicatricula adductoris
postici byssi angustior, oblonga, lineâ palleali simplice.
—Diam. antero-post. 13 mill.; diam. umbono-margin.
12. 5; crassit. 15. 5. (Coll. du Muséum).

Hab. Ile Phuquoc (Golfe de Siam).

Coquille inéquivalve, épaisse, petite, obliquement subcor-
diforme, subéquilatérale; épiderme d'un vert pâle, mince
et médiocrement hispide; surface ornée de 24 côtes rayonnantes, épaisses et granuleuses; bords des valves dente-
lés et clos au bord ventral; charnière droite, munie de
dents très nombreuses (30), courtes, fines au centre et
augmentant graduellement jusqu'au bord; sommets saillants, fortement recourbés, séparés l'un de l'autre par une
aréa lozangique, garnie de rainures ligamentaires droites
et fines; impressions des adducteurs des valves inégales,
l'antérieure petite et bien marquée, la postérieure plus
grande et superficielle; impression de l'adducteur antérieur du byssus arrondie, placée près de la ligne cardinale
et plus large que celle de l'adducteur postérieur du byssus;
ligne palléale simple.

Diamètre antéro-postérieur 13 millimètres; diamètre
umbono-marginal 12, 5 épaisseur 11, 5.

Rapports et différences. Cette espèce, du groupe des
Arca (Anadara) granosa, A. rhombea, etc., ne peut être
comparée à aucune de ses congénères, dont elle se distingue par sa forme cordiforme, sa taille très petite et ses
ornementations, qui sont toutes particulières.

15. Unio Dautzenbergi (Pl. VIII, fig. 5).

Testa inœquilateralis, tenuis, inflata, carinata, striis

concentricis tenuibus, et costis validis, irregularibus, obliquis, nodulosis ornata, epidermide nitente virescente, prope marginem pallidiore, lutescente induta; margine antico brevi, subangulato; margine postico subrostrato; margine dorsali obliquè rectilineo; margine ventrali sinuoso; ligamento parùm prominulo; apicibus erosis, prominentibus, approximatis, anticis; area postico-dorsalis carinata, costis decurrentibus, irregularibus, ad umbones angulatis, interstitiis lamellosis discretis ornata. Valva dextra dentibus lateralibus anticis 2 brevibus, lamelliformibus, dente laterali postico elon-gato, crenato, lamelliformi, dente cardinali obsoleto, transversali, instructa. Valva sinistra dente laterali antico elongato, dentibus lateralibus posticis 2, dente cardinali crenato, munita. Cicatriculis musculis adduc-toris antici, parùm profundis; cicatriculis adductoris postici superficialibus; margaritâ albido-cærulescente. — Diam antero-post. 49 mill; diam. umbono-margin. 32; crassit. 28. (Coll. du Muséum).

Hab. Rivière de Srakéo, à Srakéo (Siam).

Coquille inéquilatérale, mince, très renflée, carénée, ornée de stries concentriques fines, régulières, et de grosses côtes irrégulières généralement obliques, recou-verte d'un épiderme luisant, vert foncé près du sommet et vert clair près des bords; bord antérieur court, subangu-leux, bord postérieur médiocrement rostré, bord dorsal obliquement rectiligne, bord ventral sinueux, ligament peu saillant, sommets corrodés, proéminents, rapprochés du bord antérieur; région postéro-dorsale carénée, por-tant des côtes qui partent du sommet et se prolongent jusqu'à l'extrémité de la coquille; ces côtes, anguleuses près des sommets, deviennent divergentes près du bord postérieur ; dans leurs interstices, les stries concentriques sont plus lamelleuses. Valve droite portant 2 dents latérales antérieures, lamelliformes, minces, et une dent latérale postérieure mince ; une dent cardinale obsolète ; valve gauche munie d'une dent latérale antérieure allongée et mince, d'une dent cardinale petite et mince, de deux dents latérales postérieures épaisses ; toutes ces dents sont striées sur toute la longueur ; impressions de l'adducteur antérieur des valves peu profondes, impression de l'adducteur postérieur superficielles ; nacre de l'intérieur des valves d'un blanc bleuâtre irisé.

Diamètre antéro-postérieur 49 millimètres, diamètre umbono-marginal 32 ; épaisseur 28.

Rapports et différences. L'*Unio Dautzenbergi* diffère de l'*U. rusticus*, Lea, par sa forme plus inéquilatérale, plus ventrue, son bord dorsal moins arrondi, son côté postérieur plus anguleux, l'aréa plus prononcée, les dents cardinales moins épaisses et plus allongées et les dents latérales plus minces et striées sur toute leur longueur, au lieu d'être lisses comme dans l'*U. rusticus*.

16. Unio semidecoratus. (Pl. VIII, fig. 4).

Testa ovali-elongata, tenuicula, inflata, nitens, tenue et concentricè striata, ad umbones costis granosis, angulatis, irregularibus, in medio et prope marginem ventralem deficientibus ornata, epidermide supernè fuscá et infernè fusco-viridescente induta; margine antico brevi, rotundato; margine postico subrostrato; margine dorsali arcuato; margine ventrali regulariter arcuato; apicibus erosis, anticis; regione postico-dorsali sulcis decurrentibus aream lanceolatam limitantibus; ligamento fuscescente. Valva dextra dentibus late-

ralibus anticis 2 lamelliformibus, tenuibus ; dente late-
rali postico 1 tenui munita ; dente cardinali deficiente.
Valva sinistra dente laterali antico brevi, tenui ; dente
cardinali obsoleto ; dentibus lateralibus posticis, tenui-
bus 2 instructa. Cicatricula musculi adductoris antici
parùm profunda, impressionibus pedalibus confluenti-
bus ; cicatricula musculi adductoris postici superficiali.
Pagina interna valvarum albido-cærulescens. — Diam.
antero-post. 47 mill., diam. umbono-margin., 29,
crassit. 21 mill. (Coll. du Muséum).

Hab. Rivière de Srakéo, à Srakéo (Siam).

Coquille ovale, allongée, mince, renflée, luisante, striée
concentriquement et ornée, au voisinage des crochets, de
côtes granuleuses, anguleuses, très irrégulières sur le reste du
test et qui tendent à disparaitre, recouverte d'un épiderme
brun sur toute la partie granuleuse et d'un vert brunâtre
sur la partie lisse ; bord antérieur très court et arrondi,
bord postérieur légèrement rostré ; bord dorsal arqué ; bord
ventral régulièrement arqué sur toute sa longueur ; sommets corrodés, proéminents rapprochés du bord antérieur;
région postéro-dorsale portant des sillons, qui, partant du
sommet, se prolongent jusqu'à l'extrémité de la coquille,
formant ainsi une aréa lancéolée ; ligament brunâtre ;
valve droite portant deux dents latérales antérieures,
lamelliformes, minces, une dent latérale postérieure
mince ; pas de dent cardinale. Valve gauche munie d'une
dent latérale antérieure courte, mince, de deux dents
latérales postérieures très minces et d'une dent cardinale
obsolète ; impressions de l'adducteur antérieur des valves
peu profondes, petites, confluentes avec les impressions
pédieuses ; impressions de l'adducteur postérieur superficielles ; nacre de l'intérieur des valves d'un blanc bleuâtre.

Diamètre antéro-postérieur 47 millimètres ; diamètre umbono-marginal 29 ; épaisseur 21.

Rapports et différences. Espèce voisine de l'*Unio Cambojensis*, Sowerby, mais en différant par sa taille plus petite, sa forme plus équilatérale, plus ventrue, plus mince, le côté postérieur plus dilaté, les stries ne couvrant que les sommets de la coquille, tandis que l'*U. Cambojensis* est orné de stries, sur toute sa surface, et est d'un vert clair, au lieu que notre espèce est, en général, d'un brun bien prononcé.

17. UNIO SIAMENSIS. (Pl. VII, fig. 2.)

Testa cuneiformis, inæquilateralis, sinuosa, anticè inflata, crassa, extùs concentricè striata et rugis transversis, undulosis, sœpè interruptis ornata, epidermide fusco-virescente induta; margine dorsali subarcuato; margine ventrali sinuoso ; latere antico brevi, rotundato ; latere postico elongato, depresso et truncatulo; apicibus erosis, undulatim corrugatis, approximatis ; regione postero-dorsali sulcis ab apice decurrentibus munita et aream lanceolatam formante; valva dextra 2 dentibus lateralibus anticis, elongatis (interno crenulato), dente cardinali obsoleto, et dente laterali postico elongato, lamelliformi, extremitate striato, munita; valva sinistra dente laterali antico prominente, dente cardinali sulcato, diviso, mediocri, et dentibus lateralibus posticis 2 longis instructa; cicatricula musculi adductoris antici profunda, parva ; cicatricula musculi adductoris postici superficiali ; margarita alba. — Diam. antero-post. 68 mill. ; diam. umbono-marg. 39; crassit. 32 (Coll. du Muséum).

Hab. Rivière de Sutrang (Siam).

Coquille assez grande, cunéiforme, inéquilatérale, sinueuse, renflée en avant, épaisse ; surface des valves ornée de stries fines et de côtes transverses, onduleuses, irrégulières et souvent interrompues ; épiderme d'un brun verdâtre ; bord dorsal légèrement cintré, bord ventral sinueux ; côté antérieur court et arrondi, côté postérieur allongé, fortement déprimé à son extrémité et légèrement tronqué ; sommets corrodés, ondulés comme toute la surface extérieure, rapprochés du bord antérieur ; région postéro-dorsale portant des sillons qui, partant du sommet, vont en s'effaçant vers l'extrémité de la coquille, formant ainsi une aréa lancéolée subarrondie ; ligament brunâtre ; valve droite portant deux dents latérales antérieures allongées, l'interne légèrement crénelée ; un rudiment de deux cardinales et une dent latérale postérieure lamelliforme, légèrement striée à son extrémité ; valve gauche munie d'une dent latérale antérieure saillante, d'une dent cardinale fortement sillonnée, divisée, et de deux longues dents latérales postérieures ; impression de l'adducteur antérieur des valves très profondes, petite impression de l'adducteur postérieur des valves superficielle ; nacre de l'intérieur des valves blanchâtre.

Diamètre antéro-postérieur 68 millimètres ; diamètre umbono-marginal 39 ; épaisseur 32.

Rapports et différences. Cette espèce se rapproche un peu par sa forme de l'*Unio sulcatus*, Lea, mais elle en diffère par sa forme plus globuleuse près des crochets, ses ondulations très prononcées et son côté postérieur plus allongé.

18. Unio Sutrangensis. (Pl. IX, fig. 3.)

Testa ovali-elongata, magna, crassa, solida, subcomplanata, epidermide nigrescente induta, extùs striis

*concentricis, tenuibus et rugis posticè lamelliformibus
ornata; margine dorsali parùm arcuato; margine ventrali ferè rectilineo; latere antico brevi, rotundato;
latere postico obliquo, subsinuato, latè arcuato; nati-
bus erosis, anticis; regione postico-dorsali depressâ;
ligamento fuscescente. Valva dextra dentibus lateralibus 2 anticis brevibus, crassis, crenatis; dente cardinali
1 brevi, sulcato; dente laterali postico 1 lamelliformi,
perlongo, tenui, ad extremitatem multicrenato, munita.
Valva sinistra dente laterali antico 1, crasso, crenato;
dente cardinali 1 brevi, angusto, sulcato; dentibus
lateralibus posticis 2 longis instructa. Cicatricula musculi adductoris antici valvarum profunda, impressionibus pedalibus 2 adjacentibus; cicatricula musculi adductoris postici superficialis; impressiones umbonales 5-6
minutæ. Pagina interna valvarum albida, margarita-
cea, posticè subcœrulea. — Diam. antero-post.* 110
mill.; diam. umbono-margin. 62 *mill.; crassit.* 34.
(Coll. du Muséum).

Hab. Rivière de Sutrang (Siam).

Coquille ovale allongée, grande, épaisse, solide, peu
bombée, couverte d'un épiderme noirâtre; surface des
valves ornée de stries concentriques très fines et de sail-
lies concentriques arrondies et irrégulières, devenant lamelleuses en arrière. Bord dorsal légèrement cintré, bord
ventral presque droit, côté antérieur court et arrondi,
côté postérieur oblique, légèrement sinueux, largement
tronqué; sommets très corrodés, rapprochés du côté antérieur; région postéro-dorsale déprimée, ligament brunâtre;
valve droite portant deux dents latérales antérieures
courtes, épaisses et crénelées, une dent cardinale courte
et sillonnée et une dent latérale postérieure, lamelliforme,

très longue, mince, munie à son extrémité de plusieurs crénelures ; valve gauche munie d'une dent latérale antérieure, épaisse et crénelée ; d'une dent cardinale courte, étroite, sillonnée ; de deux dents latérales postérieures longues. Impression de l'adducteur antérieur des valves très profonde, accompagnée de deux petites impressions des muscles du pied ; impression de l'adducteur postérieur des valves superficielle ; au-dessous des crochets, il existe 5 à 6 petites impressions ; nacre de l'intérieur des valves blanchâtre et azurée vers l'extrémité postérieure.

Diamètre antéro-postérieur 110 millimètres ; diamètre umbono-marginal 62 ; épaisseur 34.

Rapports et différences. Espèce voisine de l'*Unio scutum*, Lea, mais s'en distinguant par sa taille plus grande, plus épaisse, par son bord dorsal plus cintré et surtout par ses dents cardinales aplaties et fortement sillonnées, ses dents latérales également sillonnées, tandis que, dans l'*U. scutum*, les dents cardinales sont lisses et obliques et les dents latérales lisses.

19. Pseudodon ovalis. (Pl. VII, fig. 3).

Testa inæquilateralis, tenuis, ovalis, validè complanata, epidermide fusco-nigrescente, sublamellosâ induta, concentricè et irregulariter striata, haud nitens ; latere antico brevi, rotundato ; latere postico subangulato ; marginibus dorsali et ventrali regulariter arcuatis, apicibus vix prominentibus et erosis ; paginâ internâ valvarum cæruleo-iridescente, luteo sparsim maculatâ, præcipuè versùs apices ; cicatriculis adductorum anticè impressis, posticè superficialibus ; impressione pallii submarginali ; dente cardinali parvo, vix prominente ; dente lamelliformi tenui, partim conspicuo : ligamento debili, fusco.

6

Diam. antero-post. 75, *diam. umbono-margin.* 53 ;
crassit. 19 *mill.* (Coll. du Muséum).

Hab. Rivière de Srakéo (Siam).

Coquille inéquilatérale, mince, ovale, très aplatie, revêtue
d'un épiderme brunâtre, ornée de stries concentriques,
irrégulières, peu luisante ; côté antérieur court, très arrondi,
côté postérieur subanguleux, obscurément caréné ; bords
dorsal et ventral régulièrement arqués ; crochets à peine
saillants et érodés ; intérieur des valves d'un bleu irisé avec
quelques taches éparses d'un fauve orangé, plus visibles
sous les crochets ; impressions des adducteurs assez profondes en avant et à peine visibles en arrière, impressions
palléales peu prononcées, rapprochées du bord ; dent cardinale petite et médiocrement saillante, dent lamelliforme
mince et peu apparente sur le côté postérieur ; ligament
faible et brun.

Diamètre antéro-postérieur 75 millimètres, diamètre
umbono–marginal 53, épaisseur 19.

Rapports et différences. La forme générale de cette
espèce est semblable à celle de l'*Unio depressus*, Lamarck,
quoiqu'un peu plus arrondie et un peu plus courte ; la
forme et la position des dents ne sont plus les mêmes, ce
qui en fait un autre genre.

20. Novaculina Siamensis. (Pl. IX, fig. 4).

*Testa oblonga, transversa, inæquilateralis, tenuis,
utrâque extremitate hians et rotundata, epidermide
tenui, haud nitente, viridi-lutescente induta, rugis concentricis, irregularibus, inæqualibus, prominentibus,
posticè evanescentibus et striis minoribus, intermediis
ornata ; apicibus minutis, erosis ; marginibus dorsali et
ventrali subparallelis ; cardine dentibus cardinalibus 2*

divergentibus instructo ; ligamento prominulo, fusco,
nymphis prominulis inserto ; cicatriculâ musculi adduc-
toris antici superficiali, angustâ; cicatriculâ musculi
adductoris postici latiore; lineâ palleali non distinctâ.
— Diam. antero-post. 30 mill.; diam. umbono-margin.
13; crassit. 10 (Coll. du Muséum).

Hab. Marais de Chantakam (Siam).

Coquille oblongue, inéquilatérale, mince, arrondie et
baillante aux deux extrémités, recouverte d'un épiderme
mince, terne et d'un vert jaunâtre, ornée de côtes concentriques saillantes, anguleuses, irrégulières et de stries très
fines, dans les interstices, tendant à disparaître à l'extrémité
du côté postérieur ; sommets très faibles et érodés ; bords
dorsal et ventral subparallèles; charnière portant sur chaque
valve deux dents cardinales divergentes, ligament saillant
et brun, inséré sur une nymphe élevée; impression de
l'adducteur antérieur étroite, superficielle, celle de l'adducteur postérieur plus large, ligne palléale non distincte.

Diamètre antéro-postérieur 30 millimètres ; diamètre
umbono-marginal 13; épaisseur 10.

Obs. Nous ne pouvons rapprocher cette espèce d'aucune
de ses congénères, dont elle diffère par sa taille petite,
son test mince, ainsi que son épiderme, et ses valves
couvertes de côtes concentriques, tandis que les autres
espèces sont généralement épaisses, de plus grande taille,
et possèdent un épiderme épais, et des valves lisses.
Nous pensons que cette coquille est peut-être encore jeune.

(Extrait du n° 2 d'avril 1889 du *Journal de Conchyliologie*, dirigé
par H. Crosse et P. Fischer, rue Tronchet, 25, Paris.)

1070. — ABBEVILLE, TYP. ET STÉR. A. RETAUX. — 1889.

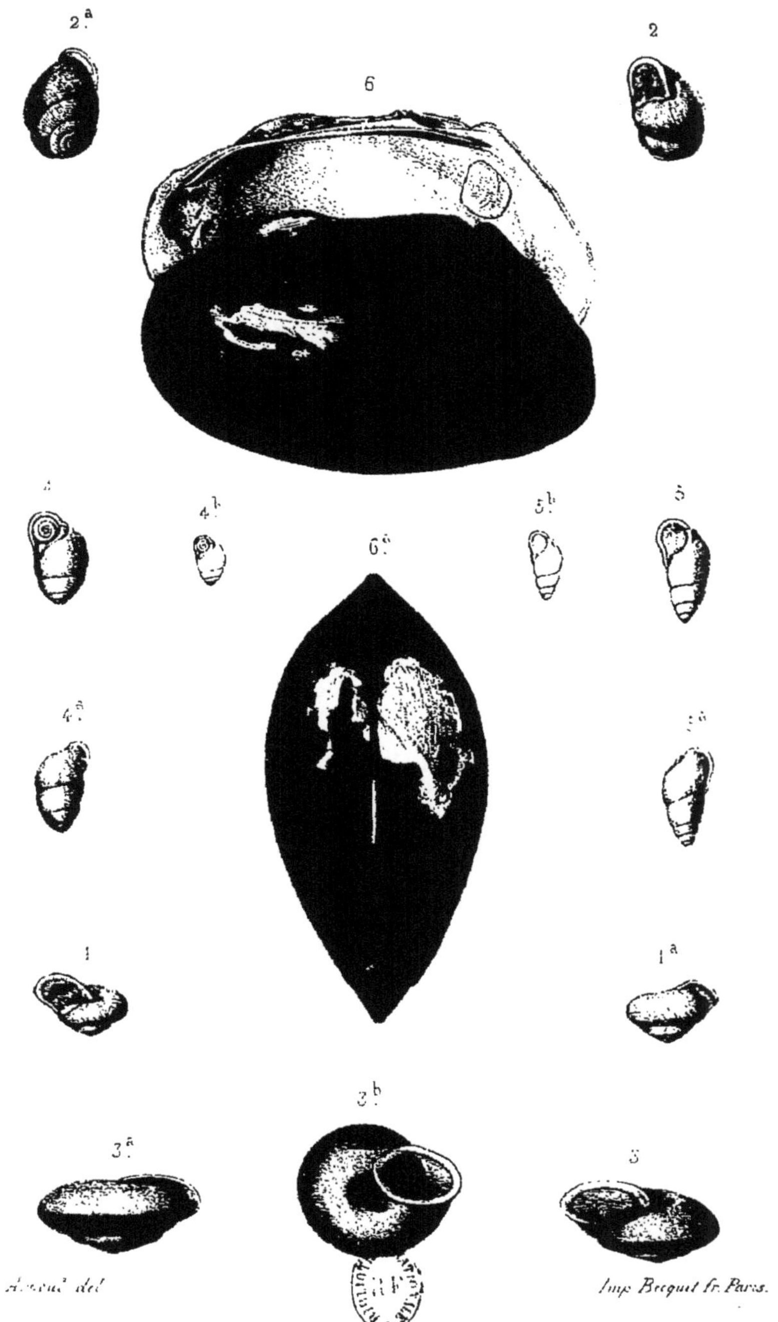

1. Streptaxis Lemyrei. L. Morlet.
2. S. ________ pellucens, Pfeiffer var: β.
3. Helix Norodomiana, L. Morlet.
4. Pupina Paviei, L. Morlet
5. P. _____ Crosseana, L. Morlet.
6. Unio Fischerianus, L. Morlet.

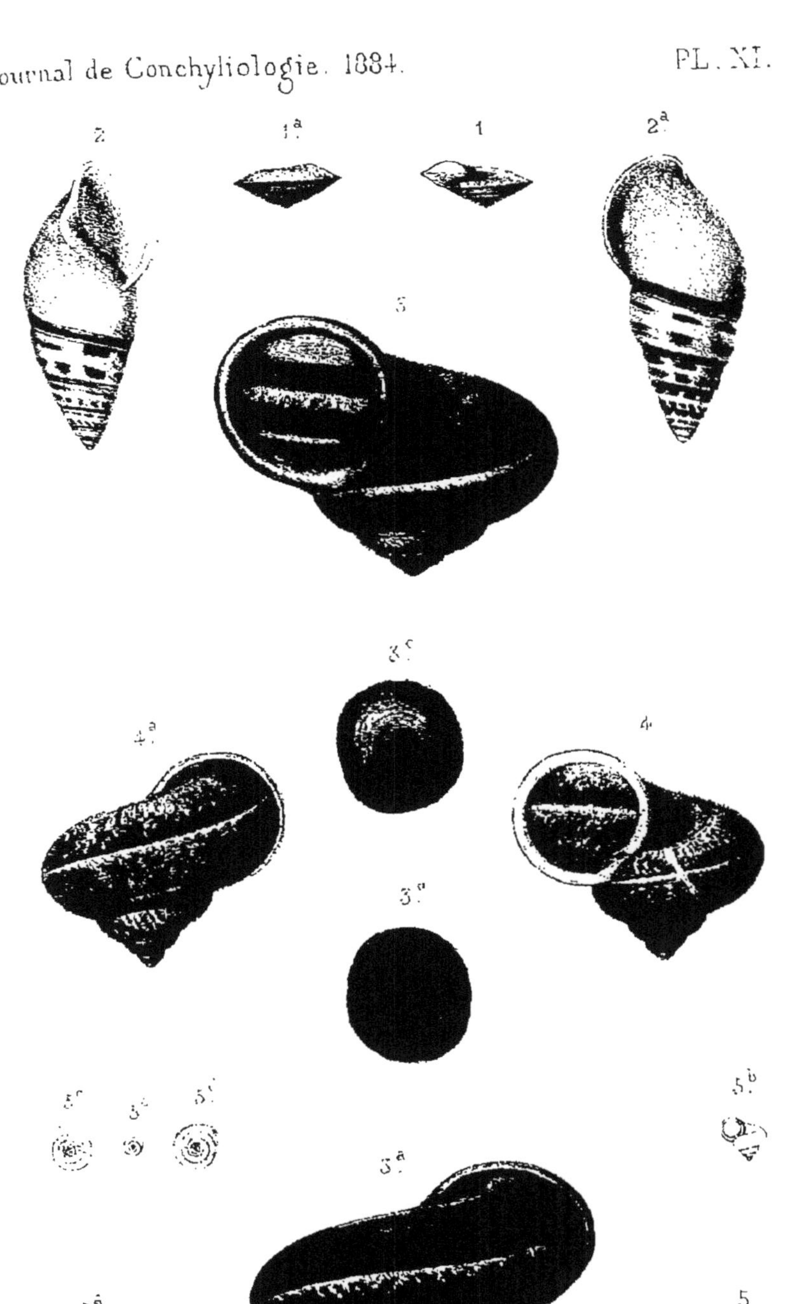

1. Helix Paviei, L. Morlet.

2. Bulimus (Amphidromus) semitessellatus, L. Morlet.

3. Cyclophorus Landesi, L. Morlet.

3. Cyclophorus Cambodgensis, L. Morlet.

4. C.___________ Paviei, L. Morlet.

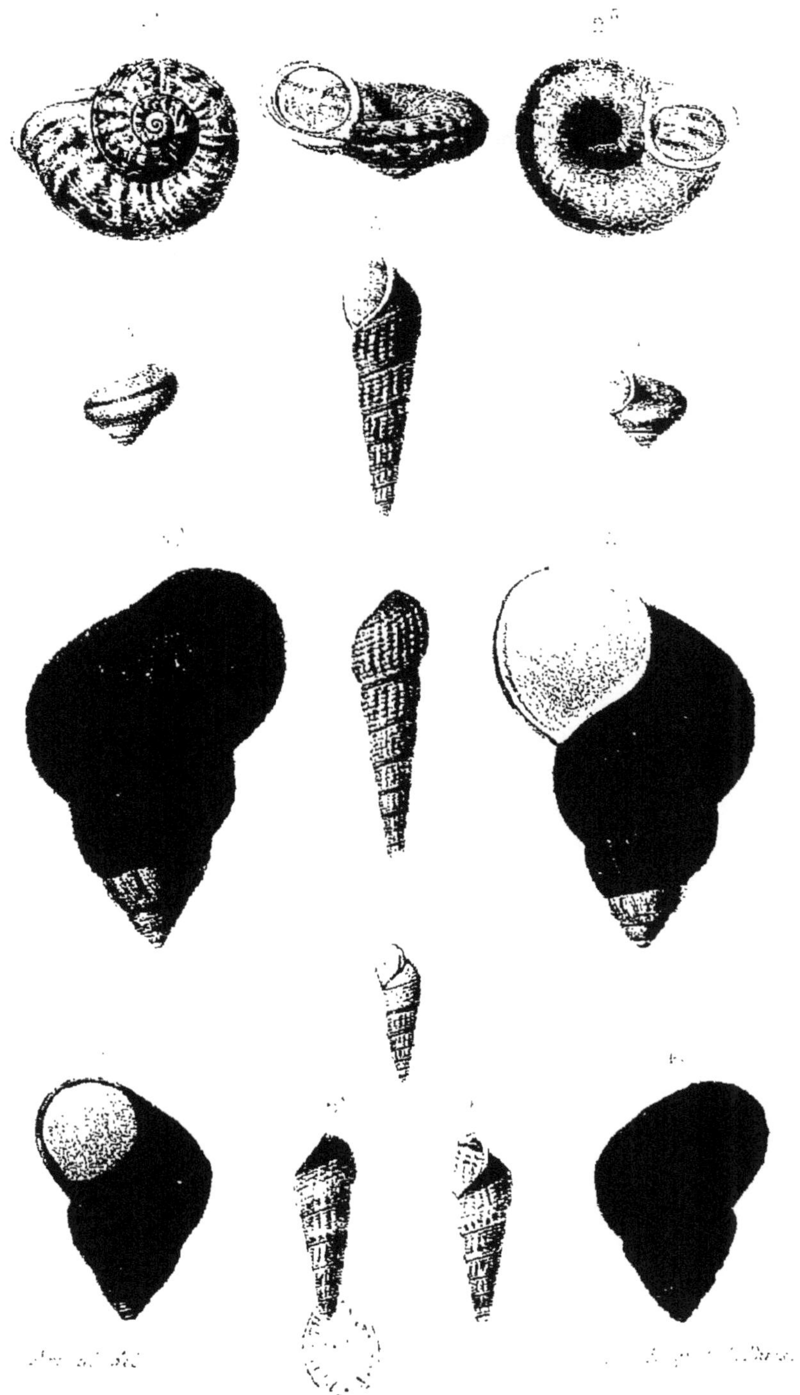

1. Deuxphorus Ronzozxan. l. Marie.   4. Cerithia. Ratz. Gredjeuh.
2. Ringicula Fischeriana. l. Morlet.   5. Melania Ratz. l. Morlet.
3. Rhodena. Limæi. l. Morlet.   6. [illegible]. Leipyna l. Morlet.

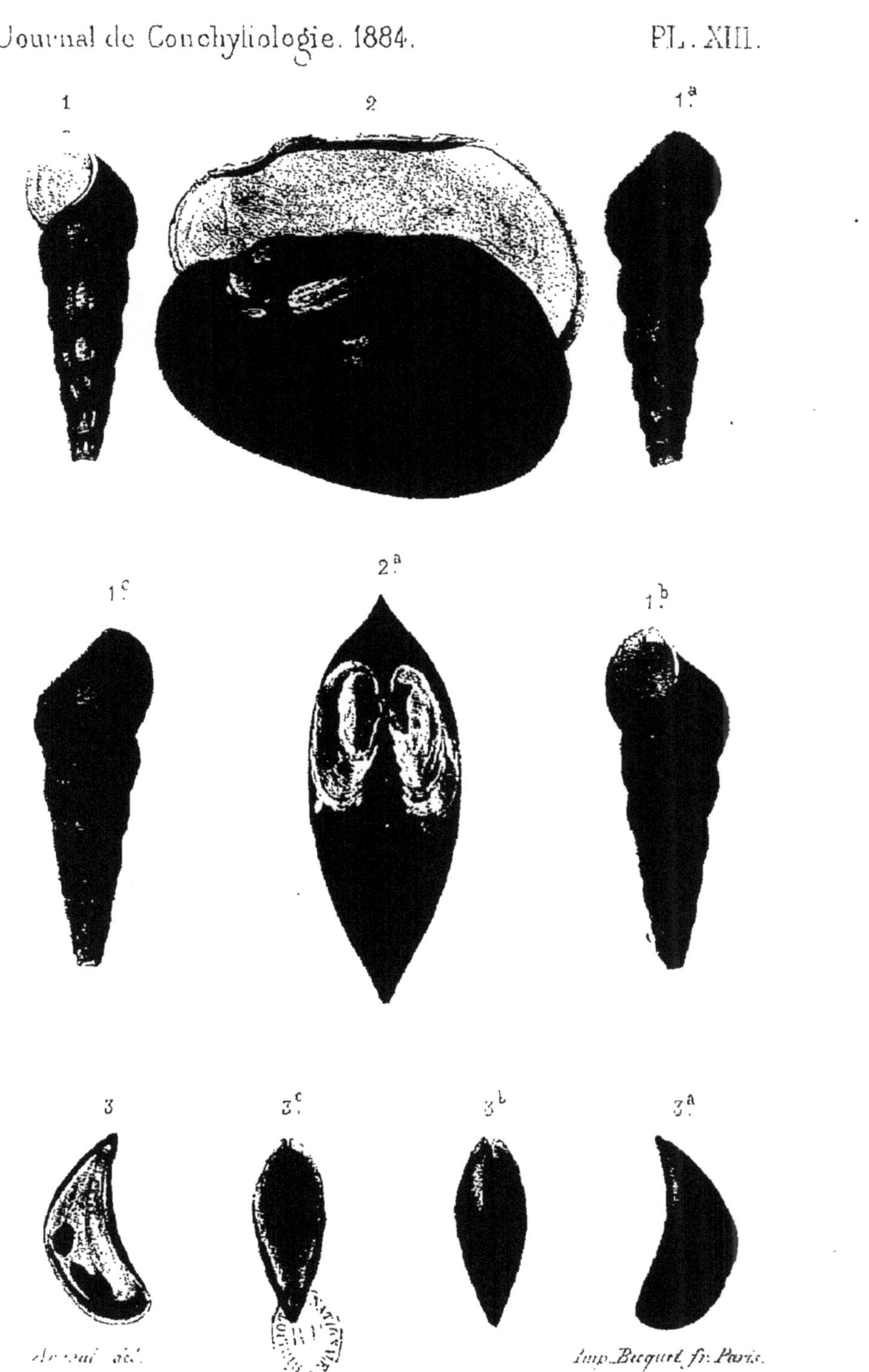

1. Melania Dautzenbergiana. I. Morlet. | 2. Pseudodon Thomsoni. I. Morlet.
3. Dreissensia Crosseana. I. Morlet.

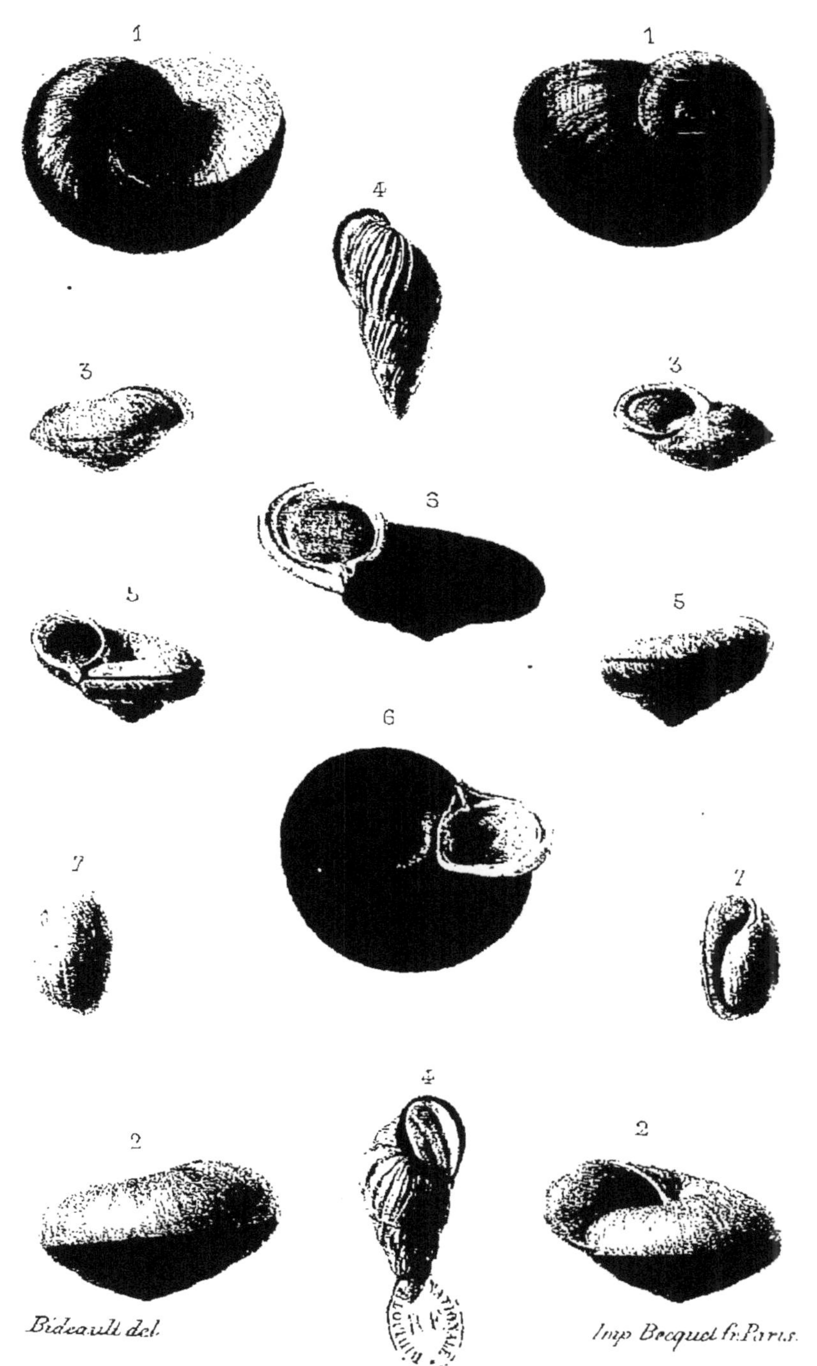

1. Helicarion Paviei, L. Morlet.
2. Hemiplecta dichromatica, L. Morlet.
3. Helix Fouresi, L. Morlet.
4. Amphidromus Begini, L. Morlet.
5. Opisthoporus pulchellus, L. Morlet.
6. Pterocyclus Perrieri, L. Morlet.
7. Haminea Perrieri, L. Morlet.

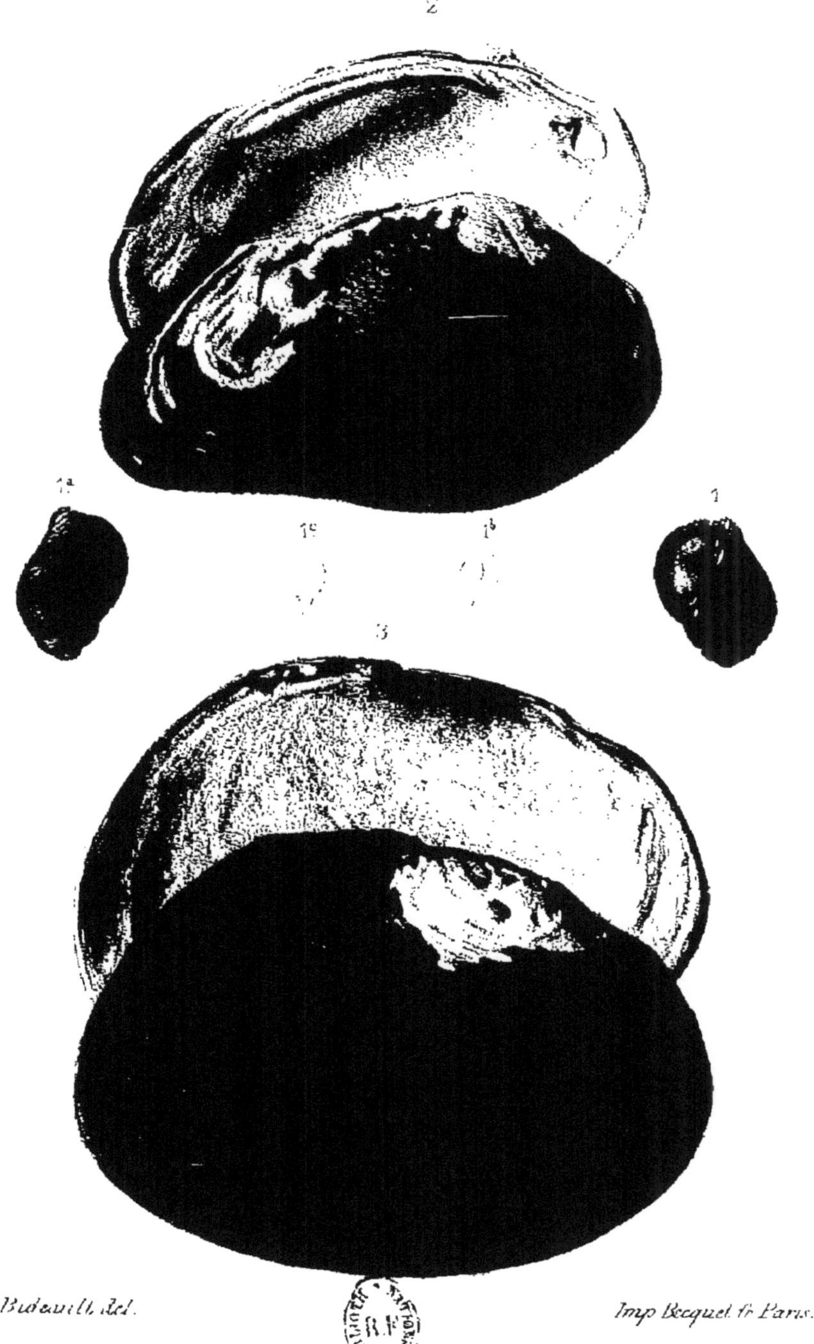

Budavill. del.   Imp Becquet fr Paris.

1. Canidia Paviei L. Morlet.   2. Unio Siamensis, L. Morlet.
3. Pseudodon ovalis, L. Morlet.

Bideault del.   Imp.Becquet. fr.Paris.

1. Ampullaria Begini, L.Morlet
2. A_______ Pesmei, L.Morlet
3. Paludina Danieli, L.Morlet
4. Unio semidecoratus, L.Morlet
5. U.___ Dautzenbergi, L.Morlet
6. Arca (Anadara) Sabinæ, L.Morlet.

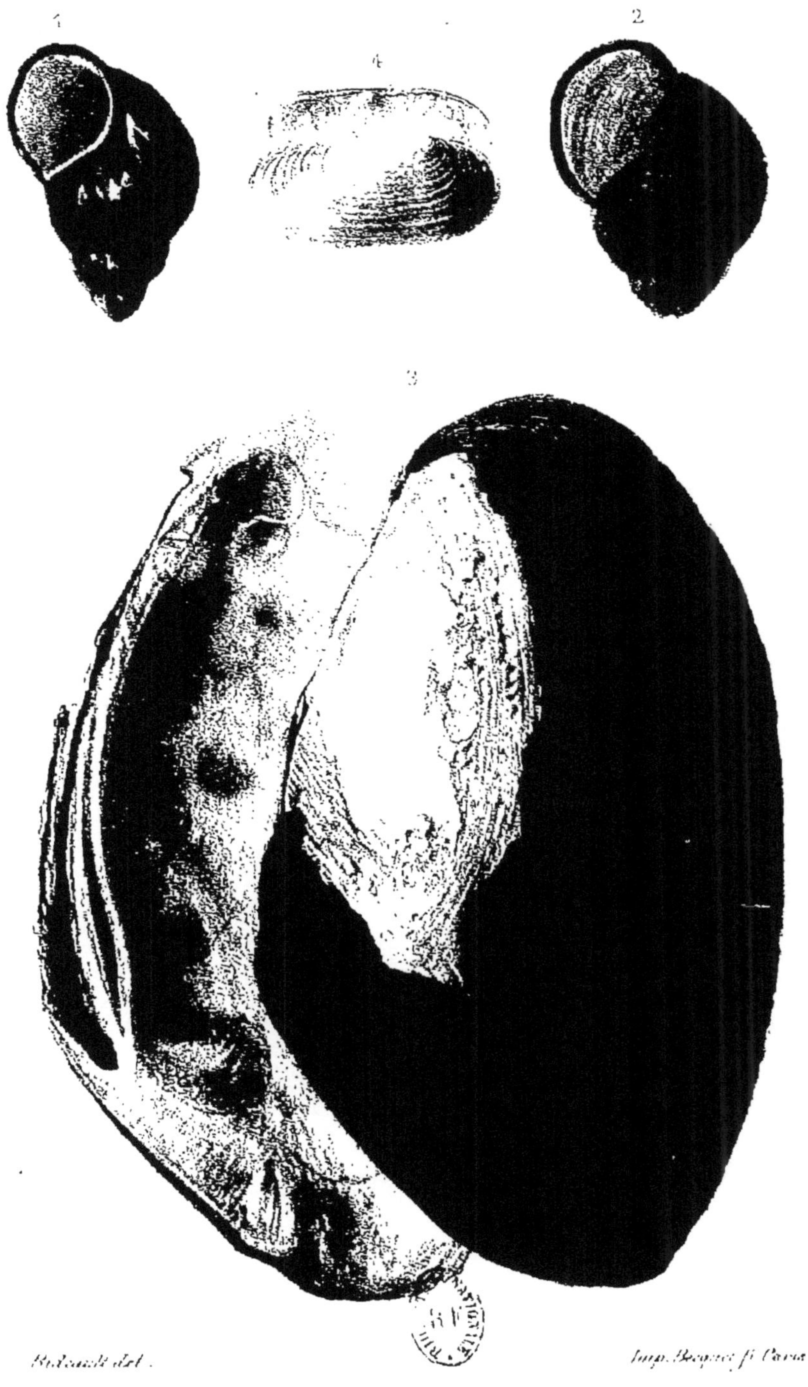

1 Paludina Sabinae, L. Morlet.   3 Unio Sutrangensis, L. Morlet.
2 P.   Paviei L. Morlet.   4 Novaculina Siamensis L. Morlet.